少年科学魔幻世界

生生不息的弦歌

段伟文　主编

科学普及出版社
·北　京·

前 言

科学是什么？翻开这套书，你或许依然找不到答案，但你却已置身科学的魔幻世界：百合花开出美妙的曲线、孔雀尾屏上的眼斑诉说着生命的奥秘、德彪西的和弦与瓦格纳的音乐在几何空间中交汇、冰川里记载着地球上二氧化碳浓度的历史变迁、爱因斯坦在无边的宇宙中冲浪……

这些魔幻的世界让我们看到了科学神奇的力量。

科学试图告诉我们世界是什么样子的，使宇宙万物变得可以理解。一代又一代的科学家们在思考、观察、实验和分析的基础上，提出了各种科学理论，用它们解释宇宙从哪里来、生命如何起源、物质如何运动和相互作用、世界又是如何构成的……

科学给我们描述了一幅世界图景，但这项工作始终是尝试性的和没有完结的。面对自然的奥秘，科学家需要通过不懈的实验干预和理论分析，才能获得对世界的有限认识。这种认识虽然是有限的，但却揭示出了事物之间比较稳定的因果关系和条件关系，因此科学不仅相对于迷信和随意的猜测更有道理，而且可以更有效地解决人们生活中面对的问题。

对科学原理的运用使人们的行动更有力量，也使得人类创意的发展为永无止境的创造和创新。先进的科学理念往往碰撞出崭新的思想火花，技术上的发明和创造一旦插上科学的翅膀，每每开创出完全出人意料的创意天空。在这魔幻的天空中飞翔快乐无比，但也给人类的智慧提出了越来越高的挑战。无论是科学的真理还是创新的力量，都应该符合人的目标和理想。

生活在科技时代的青少年，不仅要在知识的海洋边拾取色彩斑斓的贝壳，还要谨记希腊神话中代达罗斯之子伊卡洛斯的教训：科学的翅膀越是有力，我们越是要审慎地挥动，让人类文明之火飘荡得更为高远悠长……

编　者

魔幻有理 创意无边

目 录

物种起源之谜

蛋白质——生命的基石

奇妙的植物世界

精微的生命体——病毒

寻根——人类起源

DNA密码

RNA——遗传学的灰姑娘

你不知道的过去

你了解味觉吗?

嗅觉告诉你

眼睛——最神奇的器官

大脑之谜

神经的故事

神秘的“意识”

你聪明吗？

超级杀手——癌症

维生素，知多少

基因与健康

我们为什么会长胖？

物种起源之谜

地球上目前已知的动物有 150 万种，植物有 40 多万种，还有数不清的各种微生物，那么这些丰富多彩的生物都是从哪里来的呢？

科学巨匠达尔文

我们故事里的主人公查尔斯·达尔文 (1809—1882) 登场了。达尔文出生在英国的施鲁斯伯里。他以博物学家的身份，参加了英国派遣的环球航行。在长达 5 年的时间里，他考察了很多地方的动植物，尤其是太平洋赤道地区的加拉帕戈斯群岛。他发现世界各个地方的动植物有很多相似之处，又有很多不同。这一切引起了他的重视。他开始思索环境对生物性状的改变作用。

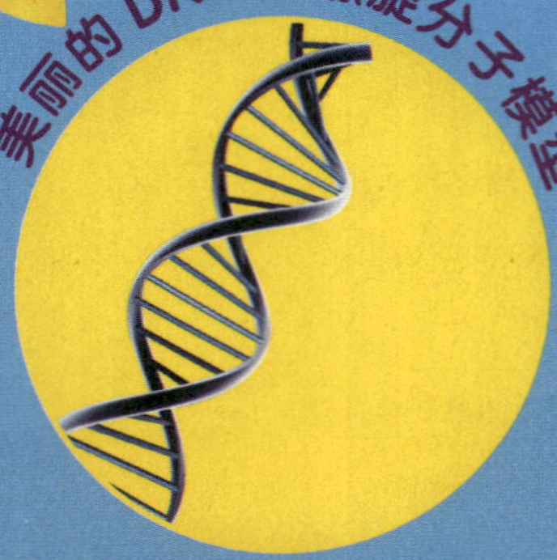

美丽的 DNA 双螺旋分子模型

“DNA 分子是存在于几乎所有生命的细胞核中的遗传物质，其中“编码”了生命的全部遗传信息。DNA 分子的精确复制使得各个生命的后代能够延续前代的一些特征，而 DNA 分子的组合和突变则使得后代和前代以及同代之间有所不同，在这些同种生物却有不同的特征的个体基础之上，达尔文的自然选择学说才能够起作用。”

“物竞天择，适者生存”是中国清末著名翻译家严复翻译达尔文著作时所总结的。意思是说：各种各样的生物互相竞争生存的空间，大自然进行选择，只有那些能够适应自然环境的生物才能够幸存下来，否则就会被无情地淘汰。

经过长时间的思索和实验，达尔文于1859年发表了划时代的著作《物种起源》。达尔文大胆假设所有地球上现存的生物都来自一个共同祖先，它们之间都有着亲缘关系，并提出了“物竞天择，适者生存”的自然选择学说。然而这个学说从一开始就遭受到广泛的质疑，主要是由于进化链条上很多重要阶段缺少化石发现。还有人认为这个所谓的进化只是一种对目前现象的解释，并不能说明过去数十亿年的历史。另外进化论也不能解释生物共同的祖先的来源，等等。

达尔文的信徒们为这一新兴的科学学说兴奋不已，他们为之奔走宣传，然而反对的力量一刻也没有停止。

达尔文进化论的意义在于，他使神和人的关系限制在精神和思想世界，证明了神并没有创造人类和生物界；同时他又将人和动植物的距离拉近，说明在远古的某个时刻，我们都曾经是同一个生命体。这个发现的伟大意义和哥白尼证明地球不是宇宙的中心一样，都将一种理性的现实摆在了人类面前。

随着大量新化石的发现，进化论得到了世人越来越广泛的认可。而20世纪中期DNA的发现，又为进化论提供了科学层面的新依据。

查尔斯 · 达尔文的画像

达尔文的局限，寒武纪生物大爆发

按照达尔文的观点，生物是通过一点一滴的变化逐渐形成的。然而达尔文也在自己的著作中写道：“我的理论还存在着好些难点。其中之一就是为什么会有大量的动物在寒武纪突然出现……对此我还没有一个令人满意的解释。”

寒武纪是距今 5.4 亿年到距今 4.88 亿年之间，大约跨越 5200 万年的一段时间。如果把地球 46 亿年的历史比作一天，那么寒武纪大约开始在 21 点 11 分，在那之后的仅仅 3 分钟里就出现了现存所有“门”的生物物种的祖先，这就是“寒武纪生物大爆发”。

寒武纪的生物大爆发说明，生物进化可以以一种非渐进的、爆发式的方式产生。事实上，今天大多数生物的雏形在寒武纪时已经奠定。

三叶虫，寒武纪代表性生物，很可能是现在很多生物的共同祖先。

中国的生物进化博物馆

这是辽西热河古生物化石：中华龙鸟化石。可以看到背部类似羽毛的突起。

回到我们中国，中国是一个生物化石资源十分丰富的国家。我国目前发现有两个生物进化化石资源极其丰富的地方。一个在西南，位于云南的澄江一带，另一个则在东北，地处辽西朝阳一带。这些化石都很好地证明了进化论的正确性。

狗的进化故事

进化论的一个重要的印证就是我们可以通过人工改变环境，模拟自然选择的力量，使生物的外观和习性发生剧烈的改变。科学家研究发现，狗起源于在古代东亚那些和人类部落接近的狼类。经过短短的 1.5 千万年，狗俨然已经成为世界上品种最为繁多的哺乳动物。而几百年前狗的种类根本不像现在这样异彩纷呈，那时狗的种类非常单一。

现在的名贵纯种狗中大多数都源于人工选择。

依靠人工模拟自然选择的力量，英国斗牛犬这一新犬种在一百年内就被“创造”出来。

狮子狗（北京犬）引入了英国，激励了人们人工干预犬类进化方式获取新犬种的热情。

入侵圆明园的英法联军从圆明园抢走了两只狮子狗，并带回英国。英国维多利亚女王非常喜爱这种狗。人们一时之间兴起了对这些人工培育的小狗的宠爱之情，狗在欧洲人的眼里从牧羊犬转变成了用于娱乐和消遣的宠物。之后一百年间，狗的种类出现爆炸式的增长。

想知道更多吗?

理查德·道金斯的科普畅销书《盲眼钟表匠》、《自私的基因》等书以全新的角度诠释了进化论的核心思想，破除了人们对进化论的一些误解，而且文字妙趣横生，引人入胜，很适合对进化论感兴趣的同学阅读。

蛋白质——生命的基石

蛋白质是中心法则的终点。中心法则告诉我们：DNA 转录成 RNA，再由 RNA 翻译成蛋白质，最后就是蛋白质构成了生命的基石。但是，人类对蛋白质的了解实在是太少了，因为蛋白质相比于 DNA 和 RNA 要复杂很多。在这里，我们来简单介绍一些蛋白质的知识。

蛋白质的结构

蛋白质是构成我们身体“大厦”的“砖头”，那么又是什么构成了蛋白质呢？原来，蛋白质是由形形色色的氨基酸构成的。构成我们人体的基本氨基酸有 20 种，比构成 DNA 的碱基多得多，这就是为什么蛋白质比 DNA 复杂很多的原因之一。

氨基酸分子示意图

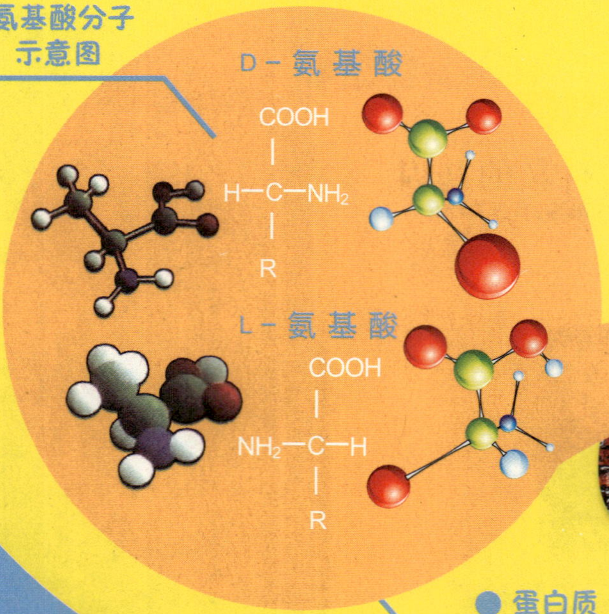

蛋白质

我们看到，左页下图中绿色的圆球就代表一个碳(C)原子。由于每个氨基酸都有不对称的碳原子，可以根据碳原子的分布把氨基酸分成L型和D型。神奇的是，组成蛋白质的氨基酸都是L型。为什么不是D型呢？科学家们也百思不得其解，他们猜想，从两种氨基酸中选择L型，或许正是生命起源的最初奥秘。

各种氨基酸首尾相接，就构成了蛋白质分子。但是，蛋白质分子在人体内可不是像面条那样长长的一串，它们也会旋转、折叠，组成各种各样的形状。有时候，氨基酸分子们互相盘绕，形成一个螺旋状的结构，我们称之为α螺旋；有时候，氨基酸分子们只是稍稍转个弯，形成片状结构，我们就称之为β折叠。

α 螺旋

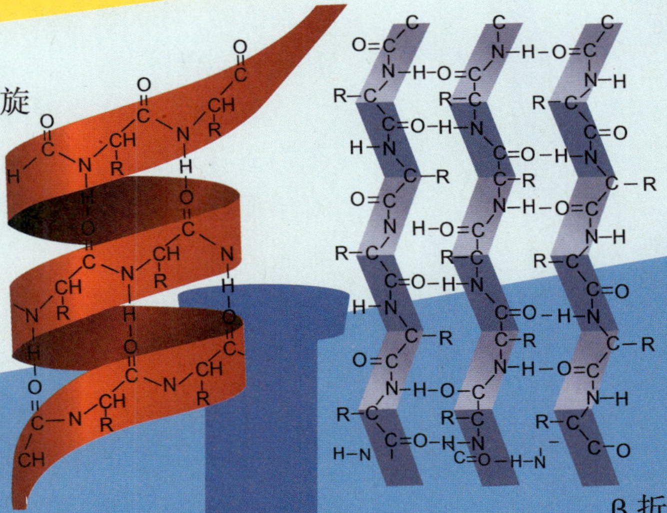

β 折叠

但是，蛋白质的实际结构要比这α螺旋和β折叠复杂得多，它们不仅仅会相互组合成各种几何构型，不同的蛋白质分子之间也会互相作用，形成很大的蛋白质复合体。这就是为什么蛋白质的研究如此困难了，这些复杂的结构很难在实验室的条件下重建，而蛋白质的功能又高度依赖于这些结构。

活跃在高温下的蛋白质

把鸡蛋煮一下，原本无色透明的蛋清就变成了白色的凝固的蛋白，于是鸡蛋就慢慢熟了。这其实是蛋清里的蛋白质发生了变性——蛋白质的结构发生了改变。

因此，我们发现蛋白质其实很脆弱，当细胞处于高温下时，很多蛋白质就不能形成正常的结构，甚至会被分解；如果涉及细胞生存的关键蛋白质被破坏，细胞也会随之死亡。可是，我们身体里还有一些蛋白质，在平时，它们隐身不见，只有在高温来临时，才大量合成，活跃于生命舞台上，这就是热休克蛋白。

高温时，热休克蛋白会作为分子伴侣，和其他蛋白质分子结合，帮助它们折叠成正确的结构；对于那些由于高温降解的氨基酸链，它又会帮助细胞清除；在细胞实在是“穷途末路”的时候，热休克蛋白还会分解一些蛋白质，回收氨基酸“原材料”，保证基本的生理生化过程运行。

其实，热休克蛋白这个名字并没有全面描述出它的功能。不仅仅是高温，在某些恶劣环境下，比如说缺水、饥饿等威胁到细胞生存的状况下，热休克蛋白都会发挥救命作用。它真是我们的“保护神”呢。

可怕的蛋白质

大家一定听说过疯牛病，这是一种与众不同的病，因为它的感染因子既不是病毒也不是细菌，而是一种被称为朊病毒的蛋白质。这听起来有点匪夷所思，蛋白质既不像细菌那样是一个完整的生命，又不像病毒那样带有核酸来复制自己，它是怎样致病，又是怎样感染的呢？

这个问题到现在都没有定论。科学家发现，朊病毒这类蛋白质不像普通蛋白质那样容易降解，它既能抵抗高温，又能抵御蛋白酶的水解。这就给它提供了入侵生物的基础。进一步的研究发现，朊病毒是一种折叠构象不同于正常蛋白的蛋白质，比如一种致羊瘙痒症的朊病毒，它是由大量的β折叠的蛋白质构成的，而正常的蛋白质却由α螺旋组成。那它又是怎样感染、怎样繁殖的呢？科学家发现，朊病毒一旦入侵生物体，它会诱导原本正常的蛋白质重新折叠，变成病毒，这些新折叠成的病毒又能进一步诱导其他正常蛋白的重新折叠。

朊病毒在人群中通常会引发神经退行性疾病，就是原本高度发达的神经系统发生溃变、死亡，失去功能。

蛋白质是当今生命科学中的新大陆，它的复杂性和精密性使科学家们把目光逐渐从核酸转移到蛋白质身上。我们还有很多很多未知的内容需要去探索，永无止境。

奇妙的植物世界

走进大自然的植物世界，你会发现，每种植物都有自己的特点，有的高大，有的矮小，还有的十分长寿。下面，就让我们一起来看看植物世界里的“吉尼斯纪录”吧。

巨人与侏儒

世界上最高的树是生长在澳大利亚的桉树，又叫杏仁桉，世界上最高的桉树可以长到 156 米！据说这样一株参天大树每年可蒸发掉 17.5 万千克水分，因此有的国家把桉树栽种在沼泽地里，当作活水泵抽吸地里的水分。

植物

能够把从根部吸收的水分通过叶片的“气孔”排放到大气中，这个过程被称作“蒸腾作用”。

世界上最矮的树是生长在高山冻土地带的矮柳，它的茎匍匐在地面上，抽出细弱的枝条，长出像杨柳一样的花序，最高也不过 5 厘米。杏仁桉和矮柳相比，一高一矮，相差了足足有 3000 倍！高山植物为什么一般长不高呢？因为那里的温度极低，空气稀薄，风又大，还有剧烈的阳光直射，所以只有那些矮小的植物，才能适应这种残酷的自然环境。

冻土地带

高山地区气候寒冷，很多地方土壤常年冻结不融化或者只融化表层，称为高山冻土地带。海拔越高，气压越低，空气越稀薄。

最长的植物——白藤

在非洲的热带森林里，既生长着参天巨树和奇花异草，也有绊你跌跤的“鬼索”——这就是在大树周围缠绕成无数圈圈的白藤。白藤茎干一般很细，一碰上大树就紧紧地攀住树干不放，接着它就顺着树干继续往上爬，即使爬上树顶，它还是一个劲儿地生长，于是它那越来越长的茎就往下垂，把大树当作支架，在大树周围缠绕成无数怪圈圈。白藤从根部到顶部，可达 300 米，比世界上最高的桉树还长一倍呢。据资料记载，白藤长度的最高记录竟达 400 米。

植物中的“壮汉”——巨杉

美国加利福尼亚州生长的巨杉，长得又高又粗，是树木中名副其实的“巨人”，所以又被尊称为“世界爷”。

这种树一般能长到 100 米左右。其中最高的一棵巨杉有 142 米，直径有 12 米，树干周长为 37 米，需要 20 多个成年人才能抱住它，而且它几乎上下一样粗。人们从树干下部开了一个洞，可以通过汽车，或者让 4 个骑马的人并排走过。这棵树已经活了足足 3500 年以上了。可惜它在人们的破坏下最终倒下了。即使把树锯倒以后，人们也要用长梯子才能爬到树干上去。它的树桩，大得甚至可以做个小型舞台。

桉树虽然比巨杉高，但它是个瘦高个儿，论体积它远没有巨杉那样大，所以巨杉才是世界上体积最大的树。地球上再也没有体积比它更大的生命体了。

另一棵被挖洞的巨杉，最著名的那棵现在已经没有了

最长寿的植物——龙血树

世界上最长寿的树，要算非洲西部加那利岛上的一棵龙血树了。五百多年前，西班牙人测定它约有 8000~10000 岁。它是世界树木中的老寿星。可惜它在 1868 年的一次风灾中毁掉了。龙血树是常绿的大树，树身一般高 20 米，树干基部周长足有 10 米，七八个人伸开双臂，才能合围它。这种树流出的树脂为暗红色，可用作防腐剂，当地人称为“龙之血”，所以把它叫作龙血树。此外从龙血树中提取出来的“血竭”还是一味极为名贵的中药材。

印度尼西亚出产的“血竭”

生命力最顽强的种子——古莲子

20 世纪初，辽宁省新金县（今普兰店市）发现了 1000 多年前的古莲子，沉睡的古莲子经过培育，居然发芽开出了艳丽绝伦的莲花。古莲子开花在我国古代和当代多次被记载。莲子真可誉为世界上生命力最顽强的种子。

最毒的植物——见血封喉

见血封喉，又名箭毒木，是一种高大常绿乔木，武侠小说中经常出现的剧毒“见血封喉”就来自箭毒木的汁液。见血封喉汁液洁白，却奇毒无比，与人的流血伤口接触能使人心脏停跳，溅到人的眼里，眼睛会立即失明。唯有红背竹竿草才可以解此毒。1859 年，英国军队入侵东印度群岛，婆罗州的原住民把芦苇的一端削成箭头，蘸上箭毒木的汁液射向来犯者，英军纷纷倒毙。美洲、非洲和欧洲的土著人都有用这种毒汁制造武器来抵御外来入侵者和捕猎野兽的历史。

箭毒木的树枝和果实

最硬的树——铁桦树

铁桦树

你也许没有想到会有一种比钢铁还硬的树吧？子弹射在这种木头上，简直就像射在厚钢板上一样。铁桦树的木质坚硬，比橡树硬三倍，比普通的钢还要硬一倍，是世界上最硬的木材，人们把它用作金属的代替品。苏联曾经用铁桦树制造滚球、轴承，用在快艇上。这种珍贵的树木，高约 20 米，树干直径约 70 厘米，寿命有 300~350 年。树皮呈暗红色或接近黑色，上面密布着白色斑点。树叶是椭圆形的。它的产区不广，主要分布在朝鲜南部和朝鲜与中国接壤地区，俄罗斯南部海滨一带也有分布。

精微的生命体——病毒

流感病毒、乙肝病毒、艾滋病病毒……这些可怕的病毒正在威胁着人类的健康，甚至生命。究竟病毒是如何攻击我们的呢？病毒又有没有对人类有利的用处呢？

什么是病毒？

流感病毒的计算机模型

病毒是目前人类发现的最小的生命体之一。它的体积特别微小，长度大概只是普通细菌的百分之一，或者普通人体细胞的百万分之一。病毒的结构简单得惊人，只有一个遗传物质内核和外面一层蛋白质外衣。病毒不能在自然界单独生存，必须寄生到其他的生物体体内，利用其他生物的营养来生存和繁殖。尽管病毒的结构异常简单，但生命力顽强，且威力极大，不考虑病毒给人类带来的疾病，病毒称得上地球生命进化史上的一个奇迹。

还有的病毒呈现出螺旋状，如最早被人类结晶提纯的烟草花叶病毒。

“小不点”的发现史

由于病毒“个头”太小，很长时间以来人们都没有注意到它。后来人们在光学显微镜下发现了细菌等微生物，可是仍然没有发现病毒的身影。直到1892年，俄罗斯生物学家伊凡诺夫斯基在研究烟草花叶病的过程中猜想可能存在一种比细菌更微小的生物，随后大量的类似发现让科学家们不断肯定了这一猜想。

直到1931年德国科学家恩斯特·鲁斯卡和马克思·克诺尔发明了电子显微镜，人们终于能够亲眼看到这个神秘的“死亡幽灵”。

20世纪下半叶是病毒发现的黄金时代，大多数的感染动物、植物和细菌的病毒都在这几十年间被发现。现在我们已知的一些人类疾病，如乙肝、艾滋病、流行性感冒，包括2009让人们如临大敌的甲型H1N1流感，还有2003年爆发的SARS，都是各种病毒造成的。

病毒长什么样?

病毒结构简单，破坏力巨大，然而它们的形状却十分丰富，甚至表现出几何形状的美感。

除了之前看到的球状的流感病毒外，有的病毒呈现完美的正二十面体，如下图的腺病毒。

烟草花叶病毒

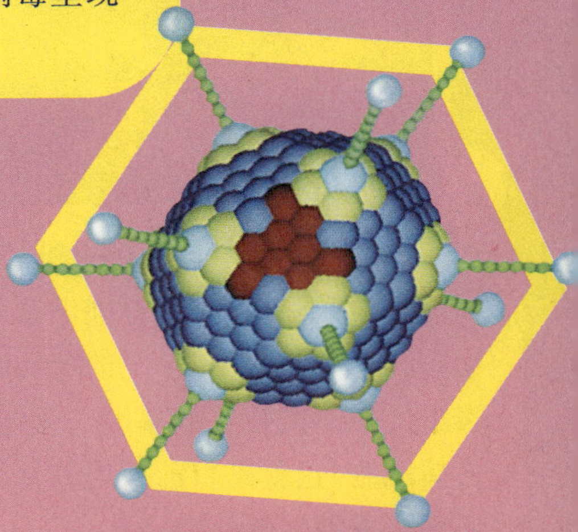
呈现完美正二十面体的腺病毒

病毒怎么搞破坏?

由于病毒的结构过于简单，不能独自生存，必须寄生到其他活体细胞里面，吸收健康细胞的养分来进行生活和繁殖。这些被寄生的细胞叫作“宿主”细胞。

病毒首先与生物细胞表面结合，判断出这个宿主细胞的种类。然后将生物细胞表面融解出一个小洞，并脱去自己的蛋白质外衣，将自己的遗传物质“注射”到细胞里面。这些遗传物质可以与宿主细胞的遗传物质拼接到一起，被宿主细胞误以为是自己的遗传物质。因此，随着细胞的生长，这些遗传物质被大量复制，并穿上利用宿主细胞的营养制造的蛋白质外衣，大摇大摆地把宿主细胞撕裂，然后成群结队地出去攻击其他健康的细胞。

由于病毒的繁殖能力极强，很容易在短时间内繁殖出大量的后代，所以对“宿主”的破坏能力特别强。

病毒的妙用

俗话说，有一弊必有一利，事物的好坏往往是相对的。在聪明的科学家眼里，病毒也能够帮助人类。利用病毒能够将基因拼接到人体细胞的 DNA 上的特性，我们可以在无害化处理后的病毒上加载一些特定的基因，就能够迅速地修复患有遗传疾病的人体细胞。这就是目前所说的基因治疗的一种实现思路，但技术还尚未成熟。

噬菌体

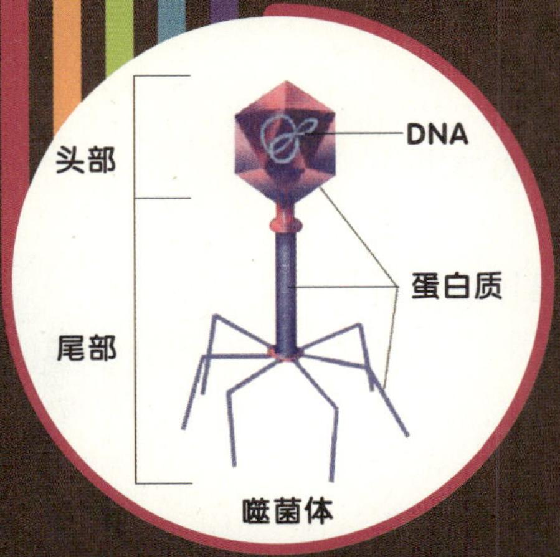

我们知道病毒能使动物和植物患病，那么有没有能专门让细菌患病的病毒呢？如果存在这样的病毒，我们不就可以利用它们来消灭对我们有害的细菌了吗？这样一类病毒的确存在，统称为噬菌体。从外形上看，噬菌体活像一个“纳米注射机器人”。它可以帮助我们高效迅速地杀死害细菌。

艾滋病与乙型肝炎

艾滋病的病原体叫作“人类免疫缺陷病毒”，乙型肝炎简称乙肝，病原体是“乙肝病毒”。

艾滋病在全世界蔓延得越来越广，在中国也在不断扩散。而乙肝在中国有大量的患者和多达 2 亿的携带者，这两种病毒类疾病给我们的生活和健康带来巨大的威胁。这两种疾病通常的传播途径只有血液、性接触和母婴 3 种方式，一起进餐和握手、拥抱等都不会传染。因此，对这些病人和携带者我们不应该歧视，要给予他们足够的关怀。

寻根——人类起源

有没有想过，你从哪里来？嗯，从妈妈的肚子里出来的。那妈妈呢？从姥姥的肚子里出来。那姥姥呢……如此刨根究底下去，你一定会问，咦，我们到底是从哪儿来的？

我们和黑猩猩有多不一样？

黑猩猩可是我们人类的“兄弟”，去动物园看看，你就会发现黑猩猩的某些行为简直和人类如出一辙。可是，为什么我们是人，它们是黑猩猩呢？

生物统计学家曾经比对过人类和黑猩猩的基因组，结果发现，两者的相似度高达99%，这区区1%的差别竟然就造就了两个物种的天壤之别。

通过仔细的比对，科学家列出了一些快速变化的DNA序列，他们相信，正是这些变化最大的DNA序列，使我们有幸成为人类。

排在首位的序列是HAR1，它由118个碱基组成。令人称奇的是，鸡和黑猩猩的HAR1序列仅有2个碱基的差别，但是人类和黑猩猩却有18个碱基的差别。HAR1序列在人类出现后的突然变化似乎暗示着它是打开人类演化大门的重要钥匙之一。进一步的研究表明，HAR1能够帮助大脑形成正常的脑皮层。众所周知，人脑和黑猩猩的大脑差异显著，一个独一无二的大脑正是人类成为万物之灵的基石。

后来，科学家还陆陆续续发现了很多在人类进化中可能起到重要作用的基因序列。FOXP2 基因使我们能够正常发音，有了语言产生的基础；AMY1 基因帮助我们消化淀粉，从而使人类有机会开发新的食物，躲过饥饿；ASPM 基因使我们拥有了足够大的脑部，可以进行复杂的思维；LCT 基因帮助我们消化乳糖，于是我们喝上了牛奶，体格强壮起来；HAR2 基因赋予我们更加灵活的双手，能制造和使用复杂的工具。

共同的父母

科学家总是很关注线粒体 DNA，因为它只能由妈妈遗传给孩子。通过统计不同人的线粒体 DNA 差异，我们可以构建出“进化树”，追踪我们的祖先。

有意思的是，两位美国科学家在 1987 年发表了一篇论文，称经过对线粒体 DNA 的仔细分析，所有人的祖先都可以追踪到一位女性身上，她生活于 20 万年前的非洲。她似乎可视为我们现代人类共同的妈妈。

科学家还分析了 Y 染色体 DNA，它只能由父亲遗传。结果同样令人震惊：我们还可能有一个共同的爸爸，他生活在 15 万年前的东非。

我们的家乡在哪里？

也许你已经想到了，如果我们的爸爸妈妈都在非洲，那么我们不都是非洲的孩子吗？是呀，科学家利用化石和 DNA 分析，正在逐步复原人类的扩散路线：五六万年前，一批非洲人冒险横渡海峡，在也门抵达亚洲大陆，又花了上万年的时间，继续向其他大陆进军，一直到达南美洲最南端的火地岛，这才停下脚步。

如此说来，我们中国人也是起源于非洲了？不过，有科学家坚持认为，我们的祖先就是中国本土的古人类。因为在我国发现了众多化石，比如说，170 万年前的元谋人，50 万年前的北京人，30 万年前的汤山人……但是，还有个事实却不容忽视：在 4 万 ~10 万年前，中国境内没有古人类化石。这似乎在提醒我们，这段时间内中国没有古人类，我们可能不是上面那些古人类的后代。

复旦大学的金力教授曾经采集了 12217 位华裔男性的 Y 染色体标本，这些标本包括了几乎所有中国人的染色体类型。分析表明，所有的标本上都携带着非洲人的遗传基因。金力教授带领着科研小组甚至描绘出了现代中国人祖先的迁徙路线：

6 万多年前，东非的部分人类向北迁移，花了差不多 1 万年，他们来到了中东地区。在这里，一支队伍向西走，成为亚洲人群的祖先，而另一支队伍则继续北进，成为欧洲人的祖先。

那么，原先生活在中国的古人类去哪儿了呢？金力教授认为，可能是由于气候的改变而灭绝了。在 2 万 ~8 万年前，中国经历了一次冰冻期。由于不能适应如此寒冷的天气，原先生活的古人类就灭绝了。这也为无法找到这时期古人类化石作出了可能的解释。

探知了我们的来路，也许你还会好奇我们的去路。进化是个连续的过程，不管是个体的改变还是群体的迁徙，都在悄悄发生着。兴许，再过几万年，那时候的“新新人类”又将兴味盎然地描绘今天的我们。历史，总是这么有意思。

DNA 密码

看看下面这幅图，你想到了什么？是不是很像商店里出售商品的条形码？其实，这是分析 DNA 得到的条带。科学家正是用这样的条带，分析出了我们身体里的 DNA 密码。

DNA 的多态性

DNA 是英文 deoxyribonucleic acid 的缩写，中文译名为脱氧核糖核酸，它是染色体的主要化学成分。从结构上讲，DNA 是一种长链聚合物，组成单位称为脱氧核苷酸。糖类与磷酸分子借由酯键相连，组成其长链骨架。每个糖分子都与四种碱基里的其中一种相接，这些碱基沿着 DNA 长链所排列而成的序列，可组成遗传密码，是蛋白质氨基酸序列合成的依据。

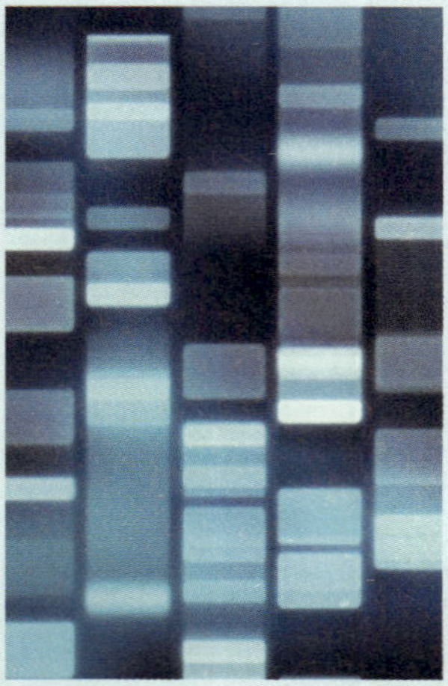

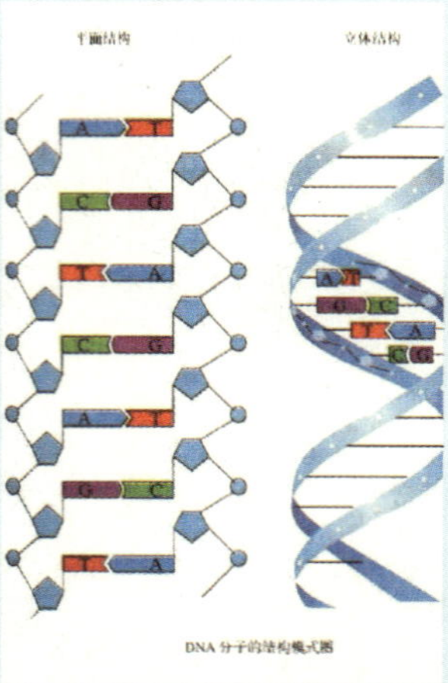

DNA 分子的结构模式图

DNA

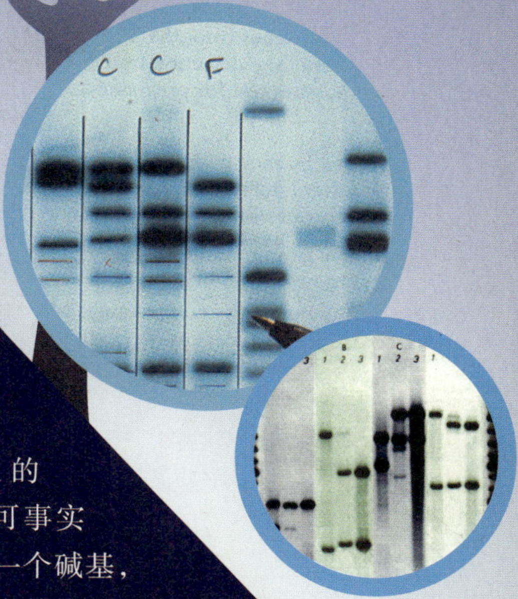

我们知道了DNA是由许多碱基构成的，按理说，功能相同的DNA的碱基组成也应该是一样的。可事实上，却并非如此。有时候，会多一个碱基，有时候会少一个碱基，有时候甚至会替换了一个碱基，这叫作单核苷酸多态性。这些变化对个体并没有太大危害，却给我们提供了一个辨别不同人DNA的好办法。大家一定听说过亲子鉴定，有一种办法就是检测孩子和父母的单核苷酸多态性，选取几十个位点，比较双方的DNA序列，就可以推测出孩子的亲生父母了。

刑事案件中，排除嫌疑人也可以采用这种方法。在现场留下的痕迹中提取出少量的标本，检测DNA，再与犯罪嫌疑人的进行比较，准确率高而且方便。传统的方法是比较指纹，但指纹其实并非完全独一无二，也并非一成不变。曾经有犯罪分子为了逃脱检测指纹，故意弄伤手指，因为只要伤害到手指的真皮层，指纹就会改变了。相比较之下，DNA显然是个更准确的方法。

给物种贴个标签

利用 DNA，我们不仅仅可以比较人们之间的不同，同样可以比较物种之间的差别，从而更快捷地进行分类。

在这里，科学家选择了线粒体 DNA 作为检测的对象。线粒体 DNA 是与细胞核 DNA 不同的一种遗传信息，不同物种间，线粒体的 DNA差别更大，这样，我们就只需要检测很少量的 DNA，就能得到可靠的结果。

对照比较一段仅仅 300 个碱基对的片段，人类和近亲黑猩猩就有大约 60 个位点的差别。所以这是一种非常灵敏的测试。

不过，也许你会说，这个检测多麻烦啊，黑猩猩和人当然不一样，一眼就能看出来了。这不错，传统的物种分类就是靠“看”的，换句话，就是依赖于形态学的分别。但是，很多生物看起来一模一样，其实差得可远了。尤其是某些植物和一些寄生虫，你能很好地区分出各种植物的根吗？对于寄生虫和昆虫来说，有时候我们不能仅仅依赖幼虫进行区分，我们得把它们饲养大，这得耗多少时间？而且也不能保证物种一定能成活。所以，科学家才会利用 DNA 的差异。

据科学家预计，我们或许很快就会开发出一种手持式的“条形码”阅读器，它能够顺利地读出微小组织中的 DNA 片段。这样，我们就能在任何地方进行物种的鉴定。想想这是多么奇妙的事情，我们就像去超市买东西一样，一扫，生物的遗传信息就一览无余。那时候，也许我们都能鉴定出几个新物种呢。

“条形码”背后的秘密

也许你已经在纳闷，这个“条形码”到底是怎样得来的呢？下面我给大家介绍两种常用的方法。

一种是利用DNA碱基配对的原理，我们先根据已知的DNA序列，设计出一段大约15个碱基的DNA片段，我们称它为探针。当然这段探针一定包括了要检测的碱基位点。我们把这段探针和要检测的DNA放在一起，在合适的条件下，这两段碱基就会配对，这个过程就叫杂交。请注意，我们在检测DNA之前，已经把DNA双链处理好，获得了DNA单链。由于探针序列是固定的，而检测的DNA序列是有变化的，所以只有与探针序列完全互补的DNA序列能形成最稳定的杂交结构。我们就是利用杂交双链的不稳定性来探知哪些DNA具备不一样的碱基。

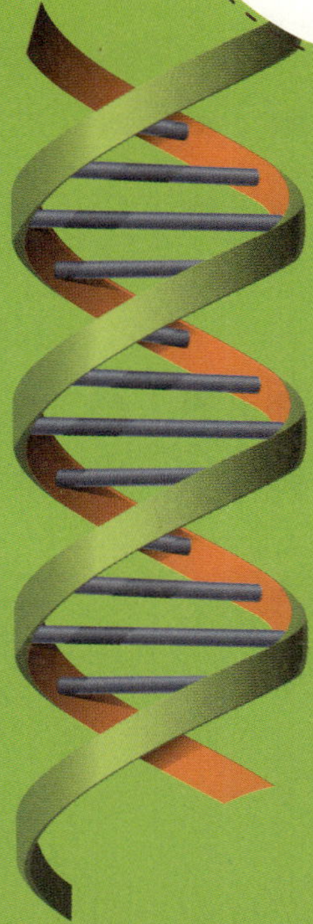

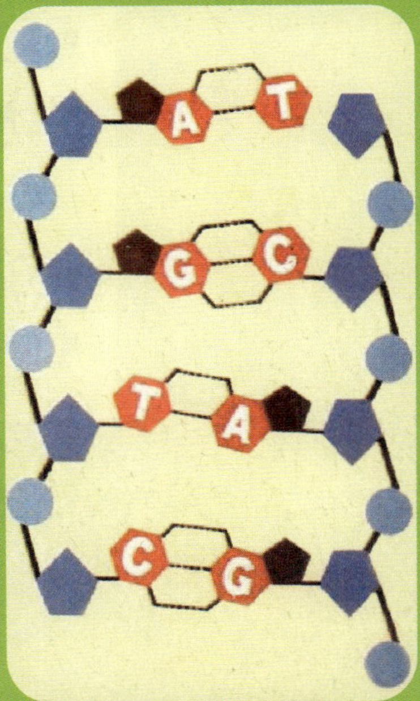

另一种常用的办法就是利用限制性内切酶，这种酶有一个很有趣的特点，它能认识DNA密码，就是它只在特定的序列那里把DNA切断。想想，要是有这样一种酶，它只能在具备特定序列的位点处切断DNA，而在不一样的DNA上就无能为力，那么，我们岂不是能得到很多长度不等的DNA碎片？接着，我们只要看看哪些DNA得到的碎片长度不等，就能知道哪些DNA序列是不一样的了。我们又是怎样区分DNA碎片长度的呢？这就要用到电泳。简单地说，电泳就是把DNA放在一个电场里，让它们在电场力的作用下朝着一个方向游动，长度越长，DNA游得就越慢。于是，只要通过比较DNA游动的距离，就可以得出DNA的相对长度。

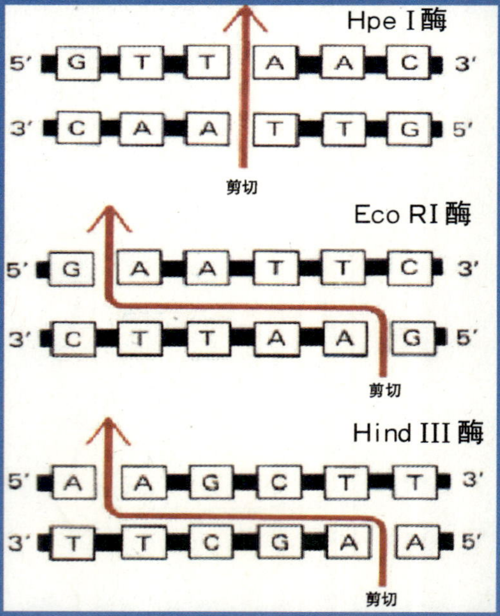

限制性内切酶识别特定的碱基序列

现在科学家们还在努力探索着 DNA 密码。这些看起来似乎毫无意义的密码子，究竟是怎样编译着我们的身体甚至思想，答案只能由我们自己去寻找。

RNA——遗传学的灰姑娘

要说DNA，大家一定很熟悉，说起它的姐妹——RNA，大家或许就不是那么熟悉了。在中心法则里，DNA先变成RNA，再由RNA变成蛋白质。看起来，RNA就像一个灰姑娘，默默地起着过渡的作用。可别小看了它，它可十足是个大明星呢。

DNA

DNA转录成RNA，再翻译出蛋白质

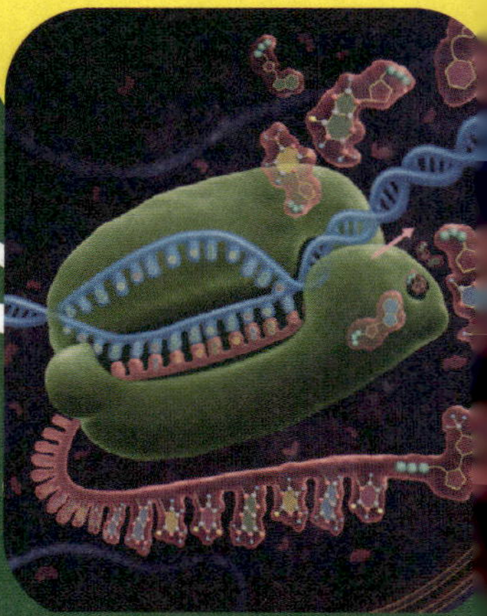

RNA

作为催化剂的RNA

RNA是核糖核酸的简称，它普遍存在于动物、植物、微生物及某些病毒和噬菌体内，和蛋白质的合成有密切的关系。在细胞中，根据结构功能的不同，RNA主要分三类，即tRNA（转运RNA），rRNA（核糖体RNA）和mRNA（信使RNA）。mRNA是合成蛋白质的模板，按照细胞核中的DNA所转录；tRNA是mRNA上碱基序列（即遗传密码子）的识别者和氨基酸的转运者；rRNA是组成核糖体的组分，是蛋白质合成的工作场所。

1989 美国人 S. 奥特曼和 T. R. 切赫由于发现某些 RNA 具有酶的功能（称为核酶）而共享诺贝尔化学奖。

DNA 先要转录成 RNA，才能进一步翻译成蛋白质。在这个过程中，RNA 需要进行“加工”：RNA 就好像一串密码，对应着某些蛋白质。但是并不是所有的密码都能翻译成蛋白质，而这些不能翻译成蛋白质的 RNA 片段就是多余的，必须通过加工来除去它们。这个过程就叫作“剪切”。科学家发现，有的 RNA 竟然可以作为催化剂，帮助自己完成这一剪切过程。

在 20 世纪 80 年代，美国科学家切赫和他的同事们发现，原生生物四膜虫有一种神奇的 RNA，它能够催化自身的剪切和拼接，从而让自己成熟。这种独特的催化功能本来是**酶**所特有的，于是科学家就把这种酶命名为核酸酶（ribozyme），后来，他们进一步发现，这种 RNA 还能催化其他 RNA 的拼接。

RNA 具有催化作用，这个发现让科学家们极为惊喜。一直以来，大家都在纳闷：DNA 要变成蛋白质，而这个过程又要由蛋白质来催化，那么，到底是先有 DNA 还是先有蛋白质？现在，大家发现，RNA 原来不仅仅可以储存遗传信息，还能起到蛋白质的催化作用，那么，原始的生命也许正是一个 RNA 世界呢！

酶：由生物体内活细胞产生的一种生物催化剂，大多数由蛋白质组成（少数为 RNA），能在机体中十分温和的条件下，高效率地催化各种生物化学反应，促进生物体的新陈代谢。

消灭病毒

你想到过吗？RNA 还是我们抵御病毒的一大法宝。

绝大部分病毒是一种靠 RNA 储存遗传信息的微生物。它们会附着在我们的细胞膜上，把自己的 RNA 注入细胞体内。细胞里有一种 RNA 聚合酶，它能帮助病毒的 RNA 形成互补的 RNA 链，这下，病毒就有了长长的 RNA 双链。但是，这是不正常的！因为，在我们健康的细胞里面，应该只有 RNA 单链。于是，细胞意识到了病毒的入侵，赶紧开始防御。首先，是一种切割酶附着在 RNA 双链上，切下一小段；接着，另一种酶固定到被切断的 RNA 双链上，把它们分开。一条单链被摧毁，另一条单链却被 Risc 酶当作模板，继续查找病毒产生的其他 RNA，并将它们切断。就这样，病毒没有办法啦，它们只能被健康的细胞剿灭。就这样，我们才能一次又一次地经受住病毒的“考验”，健康生活着。

在这里，我们看到，关键的一步是那些被切割下来的 RNA 双链片段，它们断裂成为单链后帮助细胞进一步清除病毒的 RNA。科学家称呼这些短的单链 RNA 为 iRNA，中文名称是干扰核糖核酸，就是能够阻止 RNA 进一步复制、翻译的 RNA。

也许你已经想到了，要是这些 iRNA 能像药物一样进入我们的身体，我们一定能战胜很多疾病，而这正是科学家努力的方向啊。

很多疾病都是由于细胞产生不正常的蛋白质而引起的。如果我们能利用 iRNA 阻止这些恶性蛋白质的产生，就能告别某些大脑疾病和癌症；我们也可以利用它来阻止病毒的传播，遏制艾滋病、肝炎、流感等的传染。

可喜的是，科学家已经利用 iRNA 尝试治疗了视网膜黄斑退化病，取得了不错的疗效。这是一种眼底黄斑受损导致的疾病，病人黄斑下的小血管增生，破坏了那里的视觉细胞。科学家设想，如果我们能利用 iRNA，抑制那里血管增生所需要的蛋白质的合成，那么，就可以控制疾病的发展了。于是，他们向 20 多名志愿者的眼中注入了相应的 iRNA。两个月后，1/4 的病人视力好转，其他病人的视力也停止了下降。

但这项新技术却远未成熟，因为我们对基因了解得还太少。iRNA 是通过抑制某些基因合成蛋白质起作用的，如果不慎抑制了维持生命的基因，那结果一定很糟糕。而且，我们身体有强大的免疫机制，这些不速之客很可能被我们的免疫系统清理出去。这样，我们就没办法把 iRNA 运送到目的地。还有一个问题就是，一个细胞死亡时，它的 RNA 也随之降解，新细胞又会有全新的 RNA，那么，我们的 iRNA 呢？它的治疗效果能持续多久？

这些问题都是 iRNA 治疗疾病的“拦路虎”。不过，不要灰心啊！相信我们无比智慧的大脑，一定会逐一攻克这些难题。也许在不远的未来，会有全新的药品保护我们的健康。RNA，曾经站在人们视线以外的灰姑娘，终于要成为主角，带我们走上健康的新台阶。

你不知道的过去

年龄有两种算法，一种叫实岁，就是从你呱呱坠地开始，过一年为一岁；另一种叫虚岁，就是把你在妈妈肚子里的那年也算上，一出生就是一岁。细细想来，倒是我们不常用的虚岁更为实在，这一年多重要啊，我们终于从一个受精卵变成了“人模人样”的婴儿来到了这个世界。

来之不易的受精卵

大家都知道，我们是爸爸妈妈爱的结晶。我们的一半来自妈妈，另一半来自爸爸。可是，这也是来之不易的呀。

妈妈一生只能排出大约 400 个卵子，这些卵子在出生前的女婴体内就存在了，它们在卵巢的原始卵泡里住着，一直等啊等啊，等到女孩长大成人，进入青春期，在激素的刺激下，才开始发育。每隔 28 天左右，就有 15~20 个卵泡生长，但是却只有一个最佳卵泡能够产生成熟的卵子，从卵泡排出，这才来到输卵管，等待精子的到来。

相对于卵子的“孤苦伶仃”，精子可是浩浩荡荡。数以万计的精子冲进输卵管，渴望与这高贵的“公主”相会。最后，却只有一个胜利者。为什么呢？卵子可是个矜持的姑娘，只要有一个精子获得她的芳心，她就关闭了大门，不再让其他精子进入。只有在很罕见的情况下，才会有两个精子同时进入卵子，这会造成胚胎畸形，不可能存活。但是，这个概率实在是太小了。同卵双胞胎也是由一个精子和一个卵子结合形成的，只是这个受精卵在后来发育的时候自己分了家。而异卵双胞胎则是由两个卵子和两个精子分别结合形成的两个受精卵发育而来。

就这样，我们最开始的模样就形成了——一个小小的受精卵。受精卵一边分裂，一边移动，最后，终于在子宫内膜中着床，从此，我们就要在这温暖的小房子里安安稳稳地生长，一直到能够独立来到世界上。

在温暖的海洋里长大

原始的生命都是在海洋里生活，我们在生命的最初也是在一片温暖的“海洋”里长大，这就是羊水。

羊水最初是由妈妈的血浆透析得到的，随着孩子一天天长大，羊水里就有了孩子的尿液、血浆透析液等。一般情况下，羊水有 300~2000 毫升。如果羊水过多，医生就会仔细检查孩子是不是有先天的缺陷，比如食管闭锁，因为孩子不会吞咽而导致羊水过多；要是羊水过少，那也很危险，有时候，孩子如果有肾发育不全等疾病，就不能分泌尿液，导致羊水过少。

羊水到底有什么作用呢？它可以润滑孩子的躯体，保护孩子免受外力的冲击；在妈妈分娩的时候，羊水又是先行军，冲洗干净阴道，杀菌消毒，等待孩子呱呱坠地。

我们就在这片温暖的“大海”里体验生命进化的过程。在发育过程中，我们曾经有过鳃、有过尾巴，像一条小蝌蚪那样，几个月之后，才长成人形。

第一声啼哭

在妈妈肚子里生长了将近十个月，宝宝终于要来到世间，看看我们美丽的世界。这是两个截然不同的环境，从水的世界走向空气的世界，从温暖稳定的子宫走向风云变幻的外界。

最明显的变化发生在肺部。胎儿的肺实际并没有工作。他的肺里充满了羊水、组织液等液体，靠脐带血流输送氧气和养料。在妈妈分娩的时候，新生儿“痛苦”地挤过狭小的产道，在这个过程中，孩子肺里的水被挤出。余下的也被吸收，口鼻内的黏液也被挤出，随着新生儿的第一声啼哭，新鲜空气涌进肺部，肺泡一下子就张开了，从充满水的沉甸甸的肺变成充满空气的轻盈的肺，从此，肺就开始了相伴我们一生的工作——吸入氧气，排出二氧化碳。

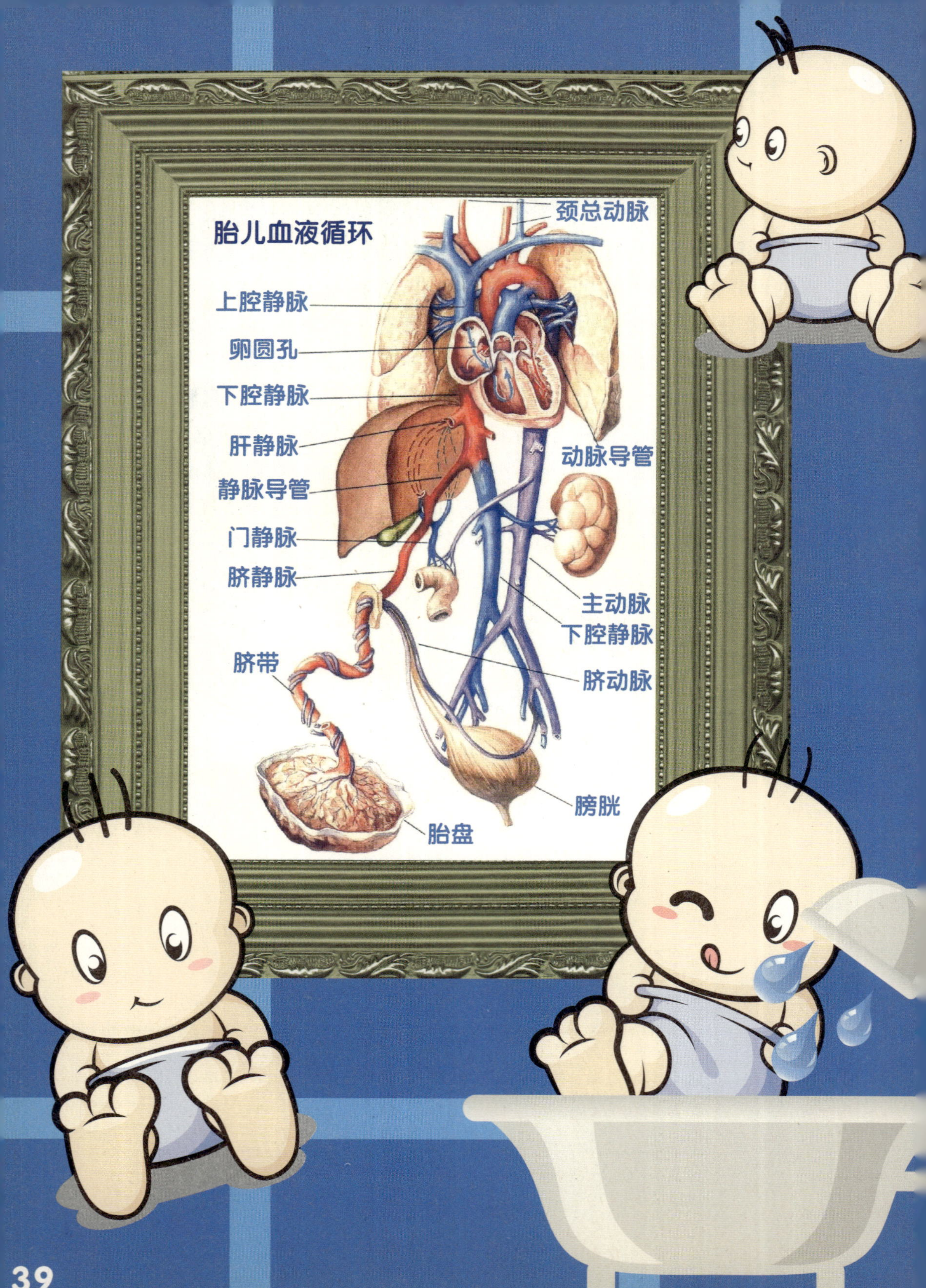
胎儿血液循环
颈总动脉
上腔静脉
卵圆孔
下腔静脉
肝静脉
静脉导管
门静脉
脐静脉
动脉导管
主动脉
下腔静脉
脐动脉
脐带
膀胱
胎盘

伴随着肺循环的建立，我们的血循环也发生了剧变。本来，我们心脏的左右心房之间有一扇小门，这扇门可以让血液从右心房流进左心房。但是，随着第一声啼哭，大量血液冲进左心房，把小门紧紧关上，从此，我们的左右心房就完全隔开了。这样，我们就能更好地适应空气中的生活。

经历了这一系列复杂的变化，我们才具备了现在的呼吸系统和血液循环系统，我们才有可能在这样一个复杂的环境中生活下去。所以，别小看了孩子落地时的第一声啼哭，正是有力的哭声宣告了孩子心肺功能的成熟。

这也只是对我们从受精卵到新生儿的一个很简单的介绍。诞生一个新生命非常不容易，所以既然来到这个世界上，就让我们好好珍惜吧。

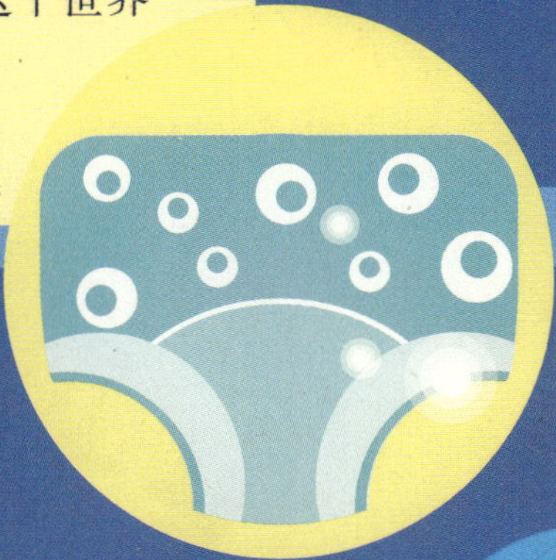

你了解味觉吗？

吃东西，是动物维持生存必不可少的行为。在漫长的岁月里，我们的原始人祖先是怎样辨别食物是否有毒有害的呢？这就有赖于我们的味觉。今天，我们现代人又是如何享受美食、享受生活的呢？这也有赖于我们的味觉。

味觉能告诉我们什么？

我们的舌头可以感觉出五种“基本味”：甜、鲜、咸、酸、苦。甜，是糖的味道，它提供给我们生命的能源；鲜，是谷氨酸和肌苷酸的味道，它是生命的重要组成部分；咸，是盐的味道，它为我们的生命提供矿物质；酸，是某些有机酸的味道，它为身体提供有益的有机酸，当然，腐败的食物也常常是酸的；苦，告诉我们这种食物很有可能是有毒或者有害的。

曾经有科学家做过实验，用无毒的物质配成两种食物，一种甜、一种苦，喂给刚出生的婴儿。无一例外的，婴儿笑着咽下甜的，哭着吐出苦的。我们为什么大都喜欢甜食，厌恶酸苦的食物？这恐怕就是进化赋予我们的本能：获取安全的、我们身体喜欢的食物，不吃那些可能损害身体的食物。

味觉从哪里来？

我们的舌头无疑是感受味觉的主要器官。

舌头表面长着大量小突起，叫作舌乳头。它们可以分成 4 大类：轮廓乳头、叶状乳头、菌状乳头、茸状乳头。大家可以伸出舌头，对着镜子观察。你会发现：舌头的大部分覆盖着茸状乳头，茸状乳头之间散有少量的菌状乳头；人类的叶状乳头已退化，呈皱褶状分布于舌体两侧近舌根处；轮廓乳头看上去个头很大，分布在舌界沟前方。

味蕾是生长在舌乳头上的一种微小的味觉器官，它只有 0.05~0.08 毫米。可别小看了它，味蕾细胞的顶端有“味觉受体”，它们能与对应着不同味道的物质结合，将信号传递给大脑，于是我们就有了味觉。

人类的味蕾绝大部分生长在菌状乳头和轮廓乳头上。但是，在舌头以外的其他部位也有少量味蕾存在，比如软腭和部分咽喉的表面。

五种基本味

上面我们已经提到人类的味觉有五种基本味：甜、鲜、咸、酸、苦。

甜，无疑是一种愉快的味道。但是，不同的动物对甜味的敏感性却大不相同。比如糖精，我们会感觉到它胜于砂糖至少200倍的甜味，老鼠却完全感觉不到它有甜味。

鲜，是基本味的“新成员”。中国人和日本人在烹调中很讲究鲜味，欧美国家的人就不那么重视了。1908年，日本的迟田菊苗博士发现鲜味的来源——一种叫作谷氨酸的氨基酸。2000年，科学家发现了鲜味的味觉受体。从此，世界上的专家才认同把鲜味列入基本味。

苦，就不那么愉快了。不幸的是，有的人对苦味特别敏感，可以比其他人敏感1万倍。有的人不爱吃某些蔬菜就是因为他们对苦味的高度敏感。

说了这么多，也许有人正在为“辣味”愤愤不平。其实，辣味严格来说不是味道，而是一种疼痛感、灼热感。而且，辣味的传导神经也不同于基本味，它是由负责痛觉和温觉的三叉神经传导的。

辣椒入口，其中的“辣椒素”从舌头表面浸入内部，到达三叉神经，于是我们感觉到了辣味。但是由于辣椒素渗入舌头内部，所以我们即使马上用水漱口，也不能立刻清除辣味。

美味热量两不误

我们对美味的喜爱可谓与生俱来。在漫长的进化历史中，这可帮了我们大忙；不过在今天，这个爱好看起来不那么妙了。因为美食，我们常常会不自觉地摄入过多的糖分和盐分，糖尿病、高血压、肥胖症……与之俱来。这就促使科学家们思考，我们能不能开发出更甜、更鲜的调料，只需一点就可以满足人们的需求，从而大幅降低热量和盐分的摄入。

如今已经面市的低热量代糖有阿斯巴甜、三氯蔗糖、糖精等，但是，一旦浓度过高，这些代糖就会有苦涩的余味。

可口可乐公司新推出的零度可乐据消费者反馈，口感优于无糖可乐，就是因为前者使用了多种代糖，总浓度较低。

增鲜剂的作用则是使普通食物拥有类似于肉类、乳酪和薯片的口感，而不必要添加大量的谷氨酸钠。

此外，还有公司正在开发苦味阻断剂，这就不仅仅有助于减少用糖量，还可以改善某些药物的口感。

说了这么多味觉的故事，其实味觉远比我们想象得要复杂。尤其是涉及到进食时，味觉不是影响进食的唯一因素。某些似乎与味觉无关的东西也会影响味觉。比如油脂、温度等因素，这就有待于我们进一步研究了。

嗅觉告诉你

请你闭上眼睛，堵上耳朵，用鼻子使劲儿闻闻……这个世界跟你之前看到的有什么不一样吗？

你是不是发现，空气中有一丝一缕未曾注意过的味道？的确，嗅觉是我们感觉中经常被冷落的角色。也许是因为这个世界太多彩了、太嘈杂了，以至于我们忘了它的"味道"……今天，让我们来看看，嗅觉悄悄告诉你的故事。

你闻到了什么？

人和人的嗅觉差别很大。人的汗液里有一种物质叫 4，6- 雄二烯 -3-酮，它的含量特别低，低到很多人根本不能觉察，但是还有一些人却对这种气味高度敏感，有的人觉得它令人作呕，有的人却觉得它无比愉悦。

气味会泄露你的情感。曾经有心理学家把纱垫放在受试者的腋下，让他们观看喜剧电影或者恐怖电影，然后再让其他受试者闻这些纱垫。神奇的事情发生了，受试者们能以很高的准确率分辨出喜悦和恐惧的气味。

气味也是一个人的"标签"之一。实验发现，人们都能很可靠地从一堆气味中分辨出属于自己的气味，也能很准确地分辨出老朋友的气味。是先有友情再有气味呢，还是先有气味再有友情？这个真难说啊，不管你承不承认，我们的社交行为在很大程度上会受到嗅觉的影响。同样的中性面孔，摆在你面前，若是配上恰合你喜好的气味，你很容易对这张面孔产生好感；反之，你就会厌恶他，尽管其实这两张脸并没有差别。

甚至有研究表明，嗅觉迟钝的人患上自闭症或者抑郁症的概率更大，可见，嗅觉不仅仅在于辨别气味，它还能悄悄地影响人们的行为。

闻到的缘分

你相信吗？你的另一半说不定是循着你的气味而来的。可别笑啊，我们每个人身上都有独特的气味，不管这是浓是淡。而我们又对某些气味有着特殊的喜好。

曾经有这样一个实验，请若干名男子和女子，穿上统一制作的贴身内衣睡觉之后，将内衣放进密闭的干净瓶子里，然后请另外的受试者闻这些衣服的味道，挑出自己最喜欢的一种。结果发现，大家都无一例外地选择了与自己基因差异较大者的衣服。这是为什么呢？我们知道，生物在繁衍中有一种杂交优势，就是说遗传背景差别较大的父母会生下适应力更强的孩子。想不到，在人类中，这种优势竟然可能是通过嗅觉来实现的。

嗅觉从哪里来？

这个问题曾经困扰了人们几千年，后来终于在科学家的努力下有了初步的了解，为此，2004年的诺贝尔奖就颁给了两位在嗅觉领域做出杰出贡献的科学家。在这儿，我们就暂且了解一些有关嗅觉感知知识的皮毛吧。

在我们的鼻腔黏膜上有一片区域，长有很多嗅觉细胞，这些细胞生有嗅纤毛，纤毛上又有很多接收器。当气味分子到来时，嗅觉接收器便会活化，在所属的细胞上引起电位信号。产生的电脉冲经由延髓传递到大脑中的嗅球，嗅球是脑部最主要的嗅觉感受区。这些带有相同接收器的嗅觉细胞连接到相同的嗅小球，再由嗅小球传递到其他的脑部分区进行处理，最后大脑将这些信息整合，于是我们就有了嗅觉。

据统计，我们人类可以分辨出大约 1 万种气味。这是为什么呢？因为我们的嗅细胞上有各种不同的嗅觉接收器，它们和气味分子之间就像一把钥匙开一把锁那样，只对特定的气味分子高度敏感；同样的，我们的嗅球也划分成了很多高度专一的嗅小球，它们同样只负责感受特定的气味分子。但是，每一种气味又是由多种不同分子组合而成，这些信号进行整合，于是就有了各种各样的嗅觉感受。

现在你能猜出为什么狗的嗅觉如此灵敏了吗？狗的鼻黏膜上皮面积比人类的大了大约 40 倍，因此就有更多的接收器来探测空气中的气味分子。

平时我们似乎都不太重视嗅觉，可是一旦出现嗅觉失灵，那可就麻烦了。进化赋予我们依靠嗅觉来躲避有毒物质的本能，虽然很多时候，这种能力总在不知不觉中发挥作用，以至于我们几乎就忘了它。但愿我们能好好珍惜自己的嗅觉，深深吸口气吧，感受一下空气中的芬芳。

眼睛——最神奇的器官

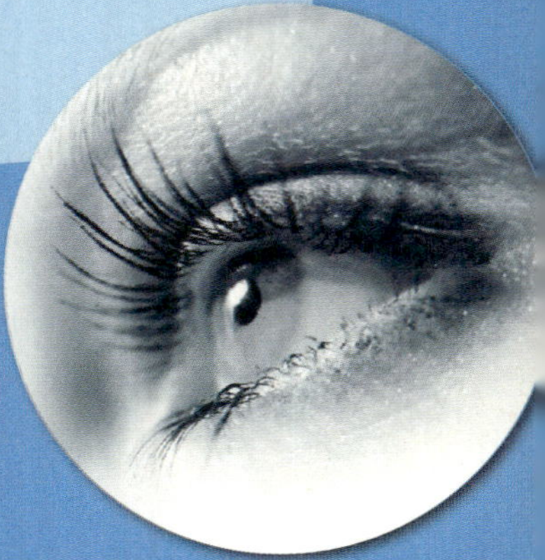

眼睛是我们观察世界的窗户：至少有 80% 的外界信息从这扇窗户进入我们的世界。眼睛又是我们心灵的窗户，它不仅仅是一个感觉器官，我们的眼神时时刻刻流露着心里的真实想法。你是不是很想了解一下这个神奇的器官？

天生的小相机

当你钦羡他人手中精密的高级相机时，千万别忘了，我们每个人都拥有一部世界上最好的相机——眼睛。

眼睛是球形的。最前方的是透明的角膜，角膜和巩膜相延续，共同保护着整个眼球。角膜之后是晶状体。在晶状体和角膜间还有前房和后房，里面饱含着透明的房水。晶状体后面则是胶状的玻璃体，充满了整个眼球。玻璃体可以向眼的各种组织提供营养，也有助于保持眼球的形状。在眼球的内面紧贴着一层厚度仅 0.3 毫米的视网膜，这是视觉神经系统的感光部分。

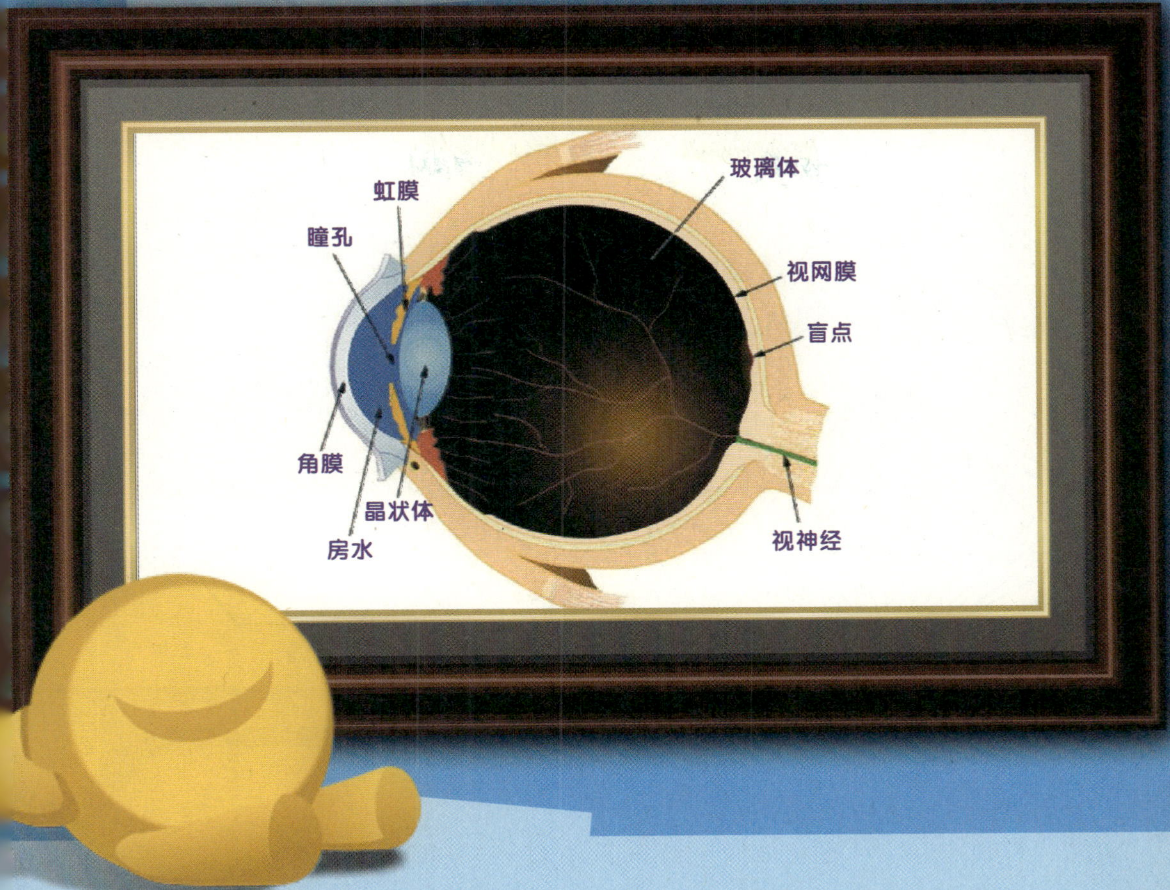

角膜和晶状体组成眼的屈光系统，使外界物体在视网膜上形成倒像，这就像我们的照相机一样。但是，照相机是通过镜头前后位移来取得清晰的图像，而眼睛的聪明之处在于，它是通过改变晶状体的曲率来获得清晰成像，这样就不必让晶状体前后移动了。

晶状体通过细丝状的睫状小带连接到睫状体。当我们看近物时，睫状体收缩，睫状小带松弛，晶状体凸起，焦距变短；反之，睫状体松弛，睫状小带紧张，晶状体变得较为扁平，焦距变长。正是睫状小带的一松一紧，我们才能眼观六路，看清远近各处的景象。

你的眼睛可信吗？

我们常说眼见为实，究竟有多“实”？不妨看看下面的图片。

一男一女？

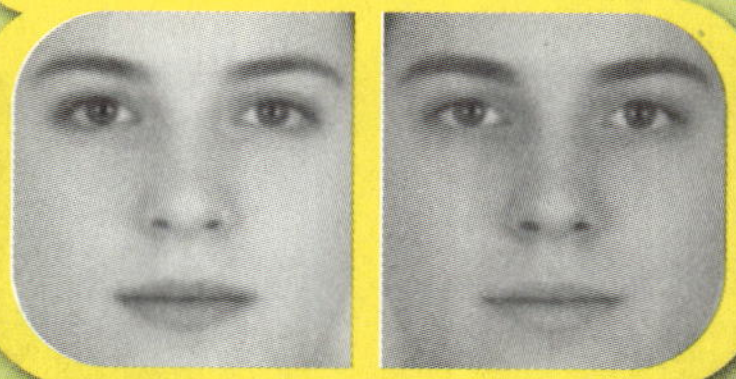

中间的两条线是直的还是弯的？

不一样的平行四边形？

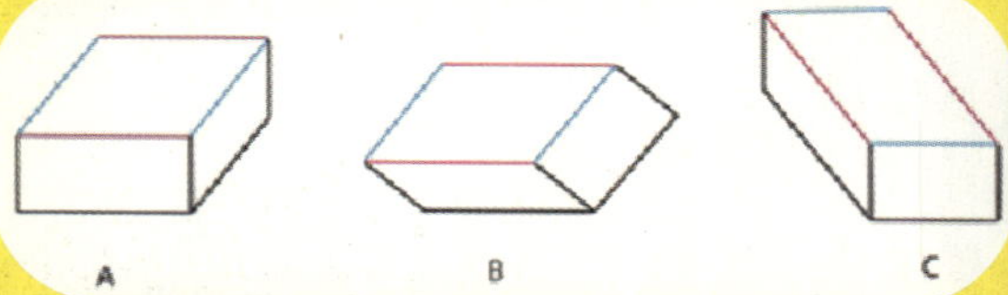

其实，第一张图中的是两条平行线，只是当它们为多方向的直线所截时，看起来失去了原来平行线的特征；第二张图只是对比度稍有不同的同一个人而已；第三张图呢？不妨量一下，蓝线和红线其实是等长的。

不相信眼见为实了吧？那我们为什么会产生错觉呢？

眼睛其实并不像我们想象的那样简单，并不仅仅是一架微型摄像机。我们还有一个无比聪慧却又不可思议的大脑，因此我们“看”到的其实是大脑根据视觉信息加工过的图像，大脑总是凭着经验对客观图像作出最好的解释。所以，我们会产生错觉。

如果你觉得难以理解，不妨想想：从解剖学上说，我们的眼睛都有盲点，但是，环顾四周，你能看到视野中的缺损吗？

还你清晰明亮的世界

据统计，我国青少年近视的发病率为小学生 20%~30%；初中生 40%~50%；高中生 50%~60%；大学生 70%。我国是世界上近视眼人数最多的国家。

对近视患者来说，重获清晰的世界是何等可贵，甩掉眼镜又是何等难得。幸好，现在已经有“准分子激光原位角膜磨镶术”（LASIK）可以帮助千千万万近视患者梦想成真。

这种手术的基本操作方法就是在角膜表面切开一小块角膜瓣，然后用准分子激光对中间角膜基质进行切削，最后将角膜瓣复位。

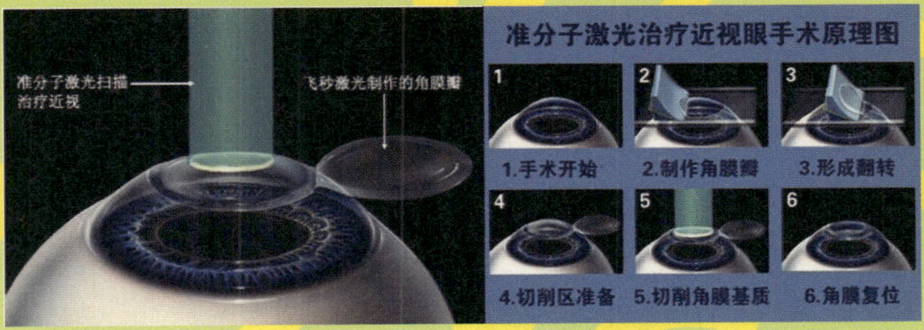

为什么这就能让我们重获清晰世界呢？因为近视患者角膜的曲率太大了，或者是因为眼轴过长，光线聚焦在了视网膜前。就像一架出了故障的照相机，必须重新修正曲率，而 LASIK 恰恰能办到这一点。

当然在做手术前，我们必须进行认真的检查，看看是否有其他不适宜进行手术的眼疾。术后，我们也得经历一段恢复期，这就需要有充足的心理准备。

重获光明

海伦 · 凯勒的《假如给我三天光明》打动了无数人的心。失明，无疑是人生最痛苦的事情之一。好在现代科学的发展给盲人带来了重见光明的希望，这就是仿生眼。

这其实就是一种安置在大脑内的电极系统，电极位于大脑处理图像视觉的皮层中，外面连有微型电脑，微型电脑利用特殊的眼镜获取信息，而眼镜上则安有微型摄像机和可测距离的声呐。

此外，还有科学家正在试图制造“眼睛”。目前已出现了仿生视网膜，将这种视网膜植入眼睛后部，就可以接收光线，产生电脉冲，通过视神经向大脑输送视觉信号，产生视觉。

让我们祝福吧，祝福这些新技术可以早日帮助盲人重见光明。

眼睛真是个奇妙的器官。既然拥有了它，就让我们好好呵护、好好珍惜，用它来感受世界的美好与可爱。

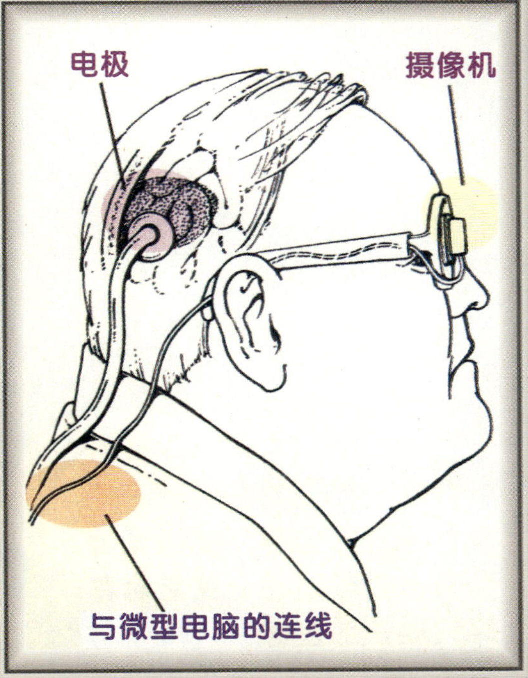
电极
摄像机
与微型电脑的连线

大脑之谜

人类的大脑简直是地球上最为复杂的东西，同时也是一个让人感到迷惑的器官。大脑究竟是怎样控制我们的思想和行为的呢？左脑和右脑又是怎样分工的？下面，就让我们共同走进人类的大脑，一起探索人类的大脑之谜！

初窥我们的大脑

我们的大脑中包含了至少 140 亿个神经细胞，还有神经细胞之间众多的结合点——“突触”。此外还有为神经细胞供给营养的大量神经胶质细胞和众多未知功能的组织。大脑的结构是如此复杂，以至于今天没有任何一位科学家可以宣称当前对于大脑功能的解读是完全正确无误的。

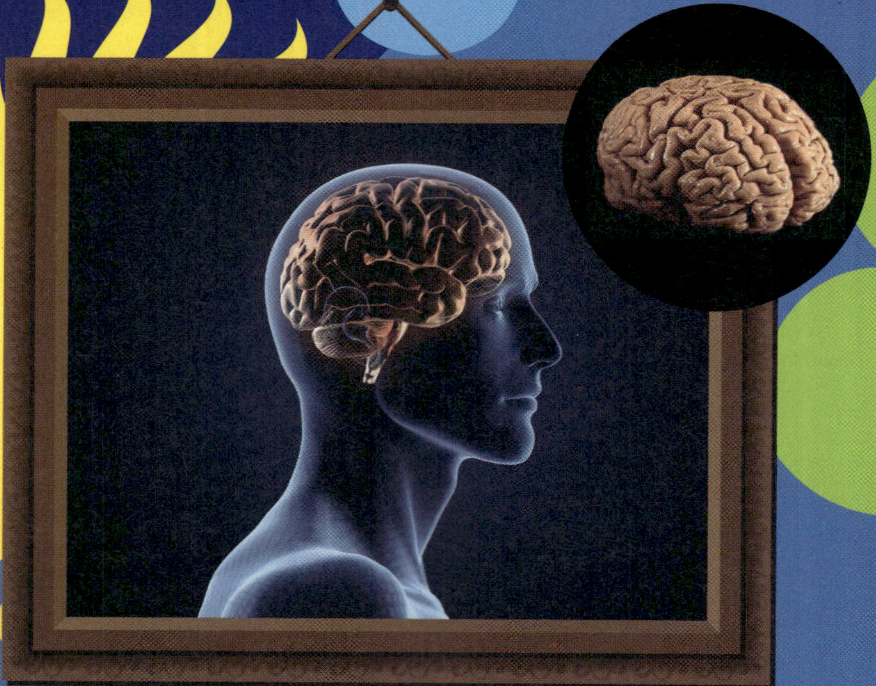

人类的大脑从外观看来，就像是一个充满了沟痕的豆腐块，在沟痕里面，各种血管纵横生长。而大脑的内部结构则类似于鸡蛋，分为表层颜色暗灰的灰质（大脑皮层）和里层颜色亮白的白质，还有位于中心的海马回。整个大脑又分为左右两个半球，中间由负责传递信息的“胼胝体”连接在一起。

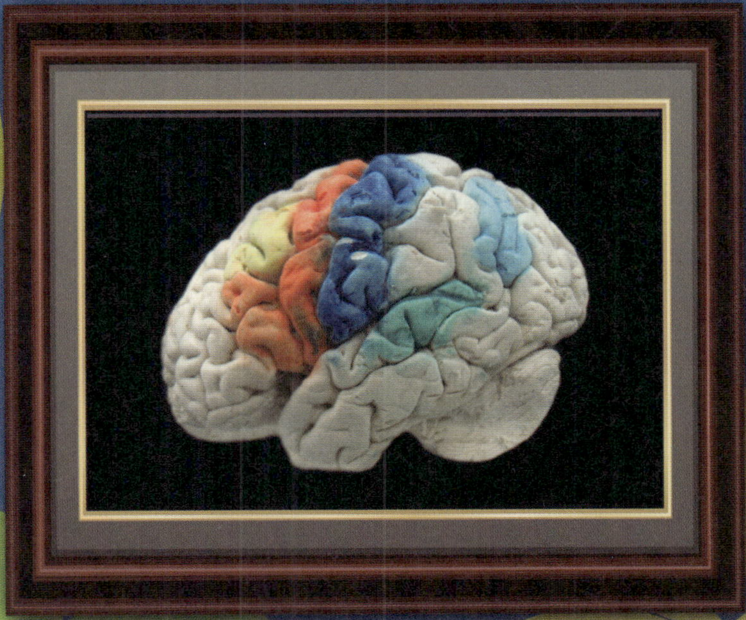

大脑皮层的分工办事

现代科学家普遍认为，人类的大脑皮层的每一部分对应特定的功能，这些部分彼此的分界却不是固定的，而是界限模糊、因人而异的。

在负责身体运动和感觉的区域，大脑皮层的面积与相对应身体部分的灵巧程度成正比。比如控制双手的大脑皮层比控制腿和脚的皮层面积加起来都大，而控制面部肌肉的大脑皮层面积也远远大于控制躯干肌肉的皮层面积。

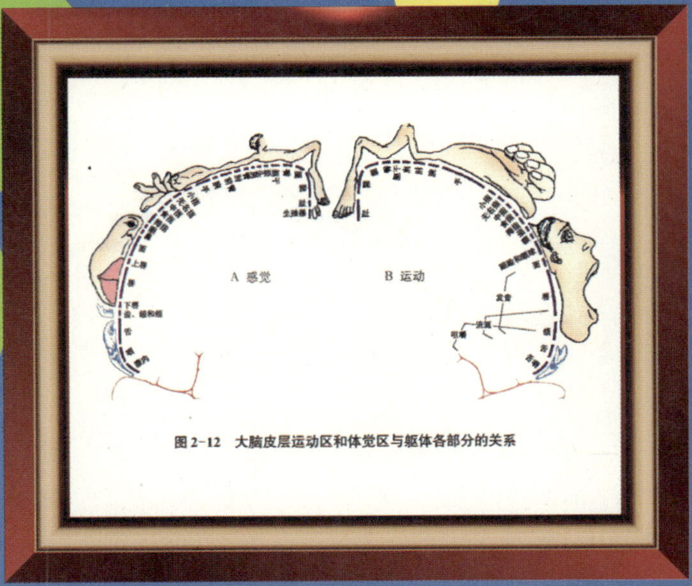

图 2-12 大脑皮层运动区和体觉区与躯体各部分的关系

左脑，右脑

早期的科学家认识到，人类的左脑控制右半部分的身体，右脑控制左半部分的身体，然而对左右半脑的功能差别却一直并不十分清楚。

后来，有些医生在治疗一些癫痫病人的过程中采用了切除左右脑之间的联系——胼胝体，也就是图中的“桥梁”，结果发现病人的一些语言能力和图形识别能力发生了障碍，人们这才逐渐认识到左右脑不仅是控制了相对一侧的身体，也控制了不同的思考功能。越来越多的实验证明，人类的左脑偏向于语言和逻辑等抽象事物的处理，右脑则偏向于控制音乐和图形等具体的事物。左脑可以称为“语言脑”或者“数学脑”，右脑可以称为“艺术脑”或者“音乐脑”。在日常生活中，很多人都很好地开发了左脑，而右脑却没有得到很好的开发，如果在生活中多进行联想和想象的训练，多从事一些艺术活动，有利于右脑和左右脑之间联系的进一步发展，会让我们变得越来越聪明。

深入大脑的基本单位——神经元

我们的大脑最基本的功能单位是神经细胞，又称为“神经元”。神经元依靠彼此之间交换信号和处理信号，完成我们每个人的思考功能。下图中位于上面的 3 个蓝色的球状细胞就是神经元，它们表面的针状突起叫作“树突”，而那些长长的线状突起叫作“轴突”，或称为“神经纤维”，是构成大脑内部白质的主要结构。神经元之间传递信息的方式有两种，在同一个神经细胞内部时，神经信号靠微电流进行传输；而在神经元之间，则靠轴突和树突之间的一种结构——“突触”，通过化学物质来传输信号，也就是图中右上角所画的结构。

从一个神经元轴突里释放出化学物质，作用到另一个神经元的树突末端，被新的神经元接受，信号也就随之传递出去了。

在下图中的红色球状细胞叫作神经胶质细胞，至今人们对它们的功能仍不是非常了解。早期科学家认为它们只不过是为神经细胞提供养料的“保姆”，然而最近几年人们发现，在大脑的思维活动中，或许神经胶质细胞起到了更大的意想不到的作用。图中我们看到神经胶质细胞伸出“触手”来包裹每一个突触。科学家发现，这些“触手”对神经信号的传递起到了调节和控制的作用。

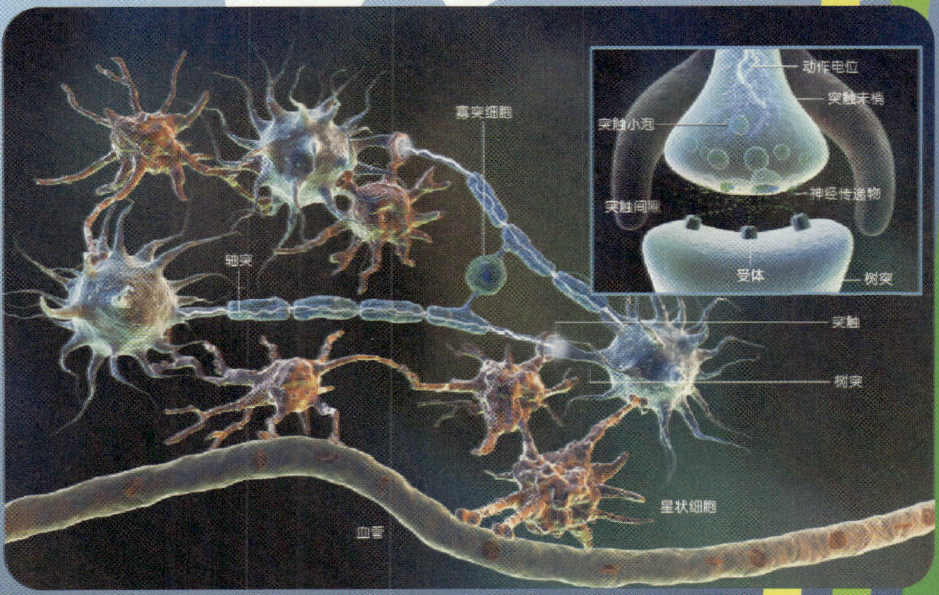

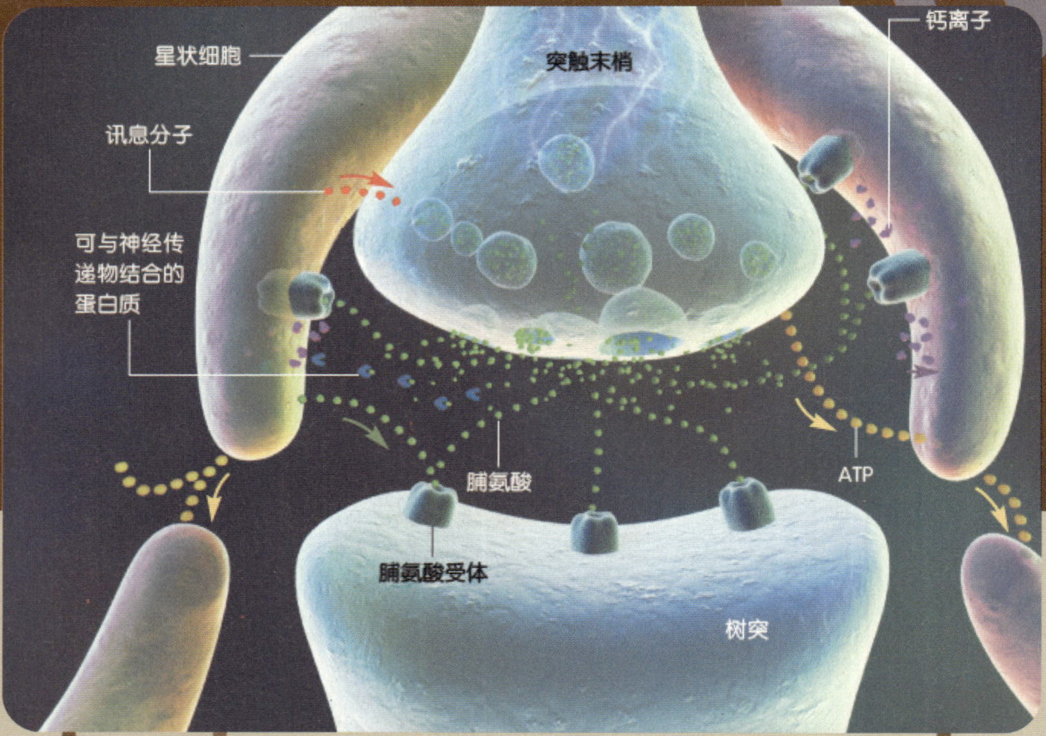

突触放大图

科学家利用附着在大脑上的电极控制游戏中人物的运动

不仅仅生物科学家对人类大脑感兴趣，计算机科学家、数学家、工程师，乃至语言和社会学专家都对大脑中的奥秘充满兴趣。

科学家发现大脑的生命活动会伴随着很多的生物电流，俗称“脑电波”。人们试图通过分析这些电流的分布掌握人类的喜怒哀乐，或者是否撒谎等。目前甚至可以部分“解读”这些信息的具体含义，让人不用通过手，而是直接通过“意识”来控制物体的移动。

还有很多科学家试图模拟神经元的原理来解决一些问题，这就是计算机科学家常说的“人工神经元网络”。

另外还有部分科学家和工程师正在试图制造出与人类大脑结构类似的高度仿真的人工大脑。不过，这个目标相当艰巨和宏伟，也许需要几代人的努力才能完成。

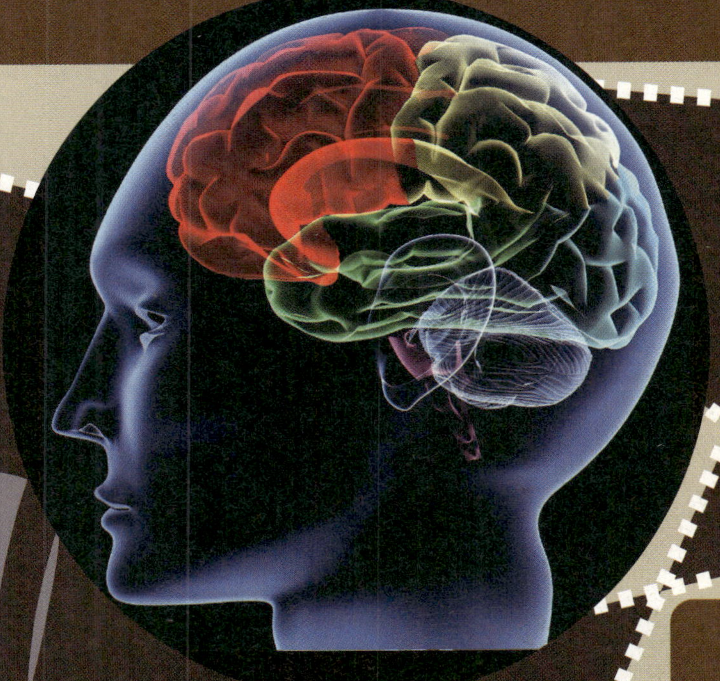

神经的故事

去清澈的小溪旁捉几只水螅，试着用松针戳戳它透明的身体。你一定会看见水螅无比恐慌地缩成一团，过一会儿才舒展开来。为什么呢？因为水螅的神经是网状的，不像人类那样有中枢、周边之分，所以，就牵一发而动全身啦。

水螅

痛不欲生

我们呢？想必你一定知道，几乎所有的感觉、活动都是由我们的神经系统控制的。复杂的神经系统就像高速运转的机器，时时刻刻控制着我们的思想和行为。也许，透过下面几个不那么正常的现象，我们可以窥探到神经的秘密。

也许只有“痛不欲生”可以描述出偏头痛患者的痛苦。史料记载，早在7000年前，就有人患偏头痛了。然而，7000多年之后的今天，我们对这种疾病仍然束手无策。

古代科学家提出两种病因：大脑血流量的变化或者是由于肝脏的水蒸气窜到了头部。然而，事实证明，这两种说法都是错误的。现在，科学家们普遍认为，偏头痛其实是一种神经疾病。

患者在头痛发作之前通常会出现视幻觉，这是由于皮质扩散抑制导致的。神经细胞先是过度兴奋，产生脑电波，患者出现视幻觉；紧接着，神经细胞又产生另外一种脑电波，抑制神经细胞的活动，在这个阶段，神经元不能被激活。

先兆症状有多种表现形式，许多患者曾在绘画作品中加以体现。这是一位患者在 1915 年绘制的一幅作品，很多偏头痛患者都"看到"过其中的光亮和 Z 形曲线。

痛感的关键传递区域则是三叉神经网络。有的科学家认为，正是皮质扩散抑制直接刺激了三叉神经，因为兴奋神经元引发的电波传向大脑皮层，引起神经递质的释放，从而促使三叉神经传递痛感信号。

但是，事实似乎不这么简单。科学家发现，在偏头痛发作时，脑干中有 3 个核团异常活跃，当它们的抑制能力减弱时，三叉神经就可能放电，传递痛感信号。正因为脑干是多种行为、情感的控制区，偏头痛的症状才具有多样性。

了解了偏头痛的机制，我们才有可能开发出对症药物，减轻患者的痛苦，如阻断致痛性神经递质、阻断三叉神经痛感的传递等。

痒不可耐

痒，每个人都有切身体会吧，那种持续的瘙痒真是让人烦不胜烦。痒，这一感觉正是皮肤下的感觉神经元对外界刺激的反应。

痒的诱因有很多：过敏原、巨大的精神压力、害虫、干燥，等等。瘙痒症也是个让医生头疼不已的病。曾经科学家认为痒是“低强度的痛”，因为，痒和痛沿着同一条神经通路传导。

看别人挠痒，自己也会觉得痒。

然而近些年来，科学家却发现事实上痒是独立的，它通过多觉型C纤维传递到大脑。然而，痒觉C纤维和痛觉C纤维之间存在着可能的联系，所以，痛觉可以减轻痒觉。

痒还可以由神经因素引起，就像你在看着这篇文章时，总不由自主地想要挠痒痒。如果情绪控制机制紊乱或者与之相关的生化过程出现紊乱，瘙痒就可能持续不断。这是由于大脑中控制情绪相关的区域也同时参与产生和处理痒感。

乐不可支

我们常常说“春风拂面”，温柔的抚摸能使我们心情愉悦快乐。为什么呢？科学家发现，原来人的皮肤下面隐藏有“快乐神经”——一种被称作 C 触感神经纤维的神经纤维，它专门传递快乐、愉悦的信息。但是，C 触感神经纤维只存在于长有毛发的皮肤下，而且，抚摸的速度过快过慢都不能使它传递快乐。实验发现，妈妈抚摸孩子的速度恰能使这种神经兴奋，也许，这就是母爱吧。

快乐还具有感染力，和快乐的人在一起，自己也会快乐。为什么呢？这又是和“镜像神经元”有关了，这些神秘的神经元赋予我们“感同身受”的能力。曾经有这么一个实验，一只猴子坐在专用试验椅上，有人拿着一个冰激凌进来了。猴子盯着他。当那位研究员开始吃冰激凌的时候，令人惊奇的事发生了：猴子大脑的相应部位也兴奋起来。后来的实验表明，人类有比猴子更加聪明、更加灵活和更高级的镜像神经元。这似乎揭示了为什么情绪具有感染力，为什么人类有如此强的社会意识。

但不幸的事，似乎悲伤的感染力比快乐更强。所以，还是分享快乐吧，这个世界就会更美好。

其实，一直到今天，神经学还是一个让我们感到迷惑重重的领域。复杂的神经网络赐予我们智慧，却又让我们对自己百思不得其解。我们的意识、情绪究竟从哪里来？我们能控制自己的感觉吗？也许再过几十年，我们对这些问题的答案又会有全新的认识。

神秘的"意识"

意识被认为是一种最高级的生命现象，人之所以具有独立的个体性，有着我与他的区别，就是因为具有意识。但究竟什么是意识？意识又是怎样形成的？科学能够揭开它的庐山真面目吗？下面，我们就和您一起走进"意识"的神秘地带。

什么是意识？

自从17世纪意识的概念出现至今，学者们对这个问题的讨论就不曾间断，还引起了一场轰轰烈烈的学科大战。率先登场的当然是哲学家。一方以法国哲学家勒内·笛卡儿（1596–1650）为代表，认为精神与肉体是两个完全不同的实体；一方则以荷兰哲学家巴鲁赫·斯宾诺莎（1632–1677）为首，以唯物主义的观点质疑笛卡尔的二元论。这一论战延续了三个半世纪，哲学领域至今都毫无定论。

笛卡儿

斯宾诺莎

到了19世纪，被称为“心灵哲学”的科学心理学也来凑热闹，认为意识是“人所特有的一种对客观现实的高级心理反映形式”，并提出用实验方法来研究“心理活动”。可惜这条路并没有走通，遇到了强大的拦路虎：生物学和医学。它们的研究显示，所有的意识问题都与大脑灰质密切相关。到了20世纪初，行为主义心理学家们将大脑看成一个黑匣子，认为意识是这个“黑匣子”接收到的刺激以及作出的反应。这样，意识的皮球又被踢还给了哲学家。

直到现在，意识还是一个不完整的、模糊的概念。研究者们仍不能给予它一个确切的定义。不过我们可以将意识通俗地理解为：从无梦的睡眠醒来之后，直到再次入睡或进入无意识状态，这之间持续进行的知觉、感觉或觉察。也就是说，指挥人体行为的意向、意念、欲望、理想、方案和命令等均来自于人的意识。

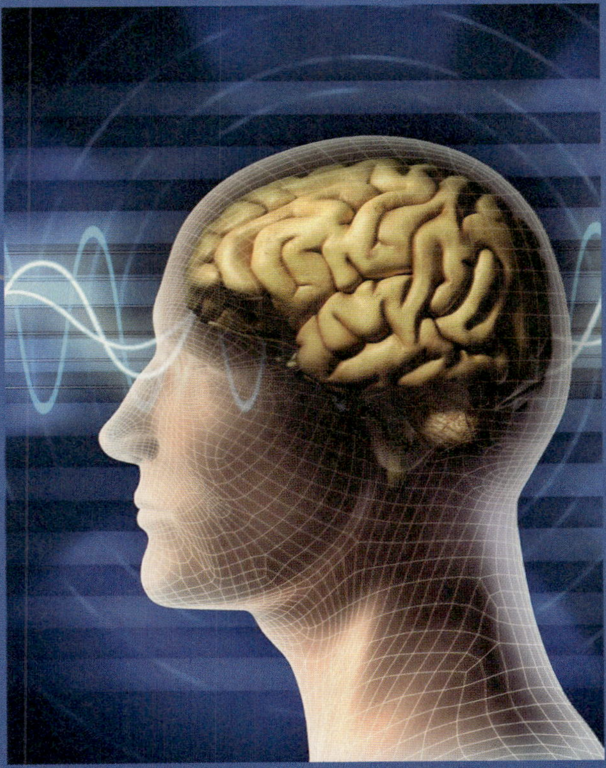

意识是如何形成的?

上面我们已经提到，意识是大脑的产物。但是当你看到一只猫、听到一个声音、突然感到悲伤或有了其他主观体验的时候，大脑内究竟发生了什么呢？这其中的复杂机制，可是科学界最大的谜团之一。大脑内有上千亿个神经元，它们是相互协作，共同产生不同的意识，还是分为多个小群体，分别产生意识？对这个问题，神经生物学家尚未达成共识。

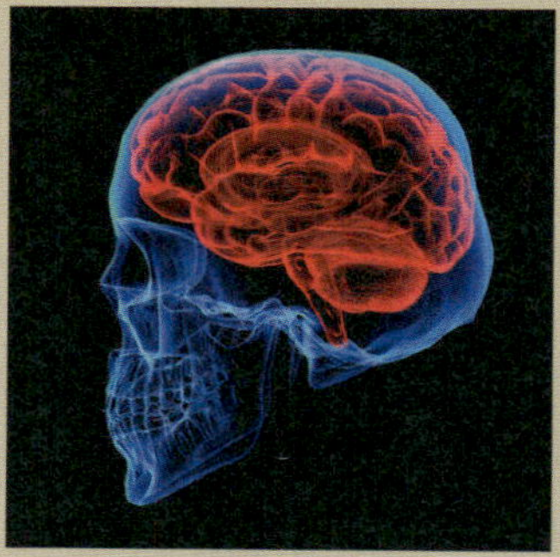

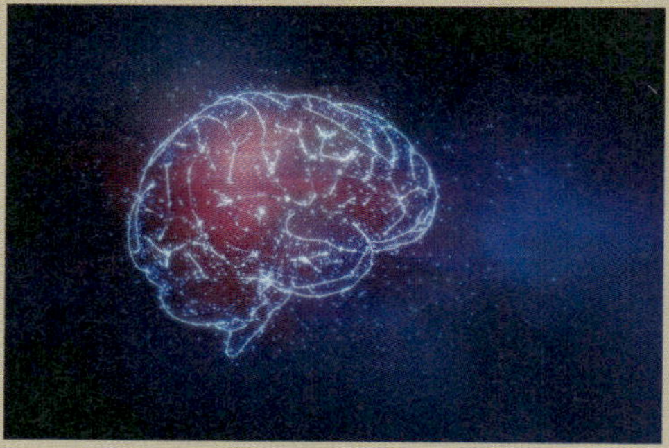

有的神经生物学家认为每经历一种意识活动，某一大脑区域内的独特神经元群就会以某一特定方式产生兴奋。也就是说，每种意识或直觉都对应着某个特定的神经元群体，当我们看到不同的东西，或者产生不同的情感时，就会有不同的神经元群被激活。干扰或破坏任何一个神经元群，意识对此产生响应的直觉就会被改变，甚至消失。

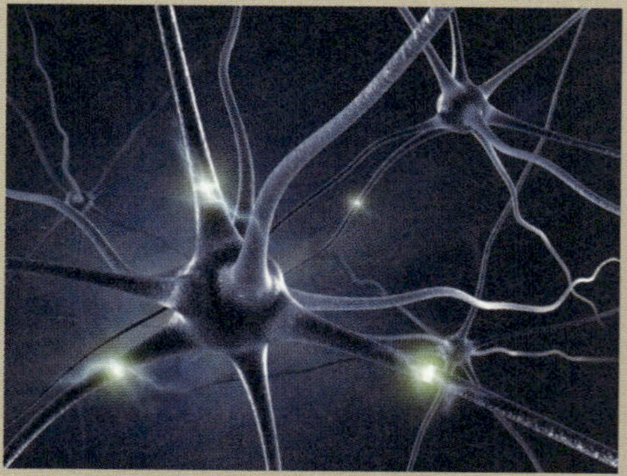

另一些神经生物学家则主张，对每个意识体验，大脑各个区域的神经元会同步活动，形成一个协调的整体，随后又会解散。受到刺激时，遍布大脑的神经元将同步激活，这个过程会一直持续下去，直到第二个刺激激活另一个神经元群。任何时候都有各种各样的神经元群在形成和解散，其中的神经元就像接到命令的士兵一样，行动迅速、步调整齐。

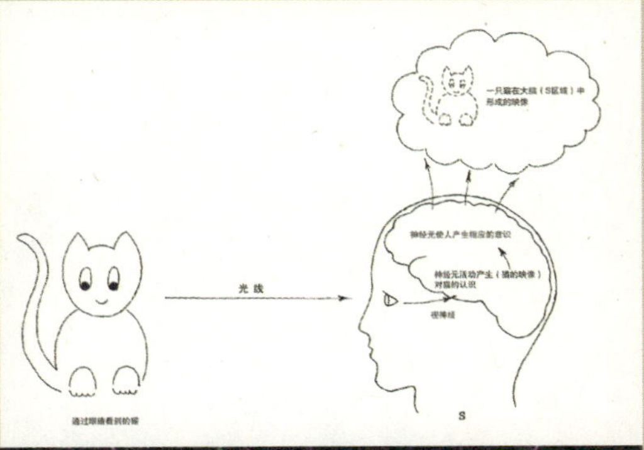

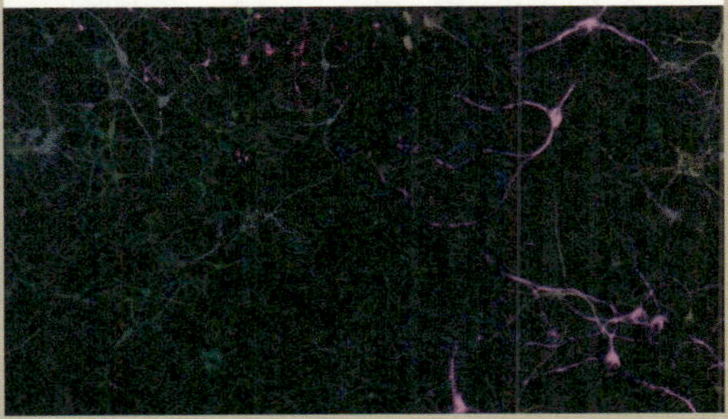

看来，对于意识的形成问题，科学界还没有建立起一个能令各方都满意的标准模型。然而可以肯定，随着科学技术的进步，人类对大脑的探索一定会更加深入，意识的神秘面纱也将逐步被揭开。

谁都有的“潜意识”

在我们一般意识底下还潜藏着一股神秘而强大的力量——潜意识，它是相对于“意识”的一种思想。如果将人的意识比喻为一座冰山，浮出水面的是少部分，属于显意识的范围；而埋藏在水面之下的大部分，则是潜意识。我们平时看来微不足道的事情，如做梦、口误和笔误，都是由大脑中的潜意识决定的。这样看来，潜意识虽然摸不着、看不见，却能够对人的性格和行为施加影响呢。

你聪明吗？

大家一定对“IQ”这个词很熟悉，都知道它是智商的意思。那么，你真的了解智商吗？你觉得你聪明吗？

什么是智商？

智商，在我们日常的谈话中，就相当于智力。它就像电脑的CPU，智商高的人就像是奔3，奔4的处理器，能够轻轻松松地运转 Windows 7 或更新的操作系统；而智商低一点的呢，就只能跑跑 Windows XP 啦。

智商由以下几个方面组成：

1)观察力：是指大脑对事物的观察能力，如通过观察发现新奇的事物等，在观察过程中对声音、气味、温度等有一个新的认识。

2)注意力：是指人的心理活动指向和集中于某种事物的能力。

3)记忆力：是识记、保持、再认识和重现客观事物所反映的内容和经验的能力。

4)思维力：是人脑对客观事物间接的、概括的反映能力。

5)想象力：是人在已有形象的基础上，在头脑中创造出新形象的能力。

现在我们常用的智商是指离差智商，就是一个人的测验分数与同龄组正常人的智力平均数之比。通常指的“聪明”用智商来衡量，就是在120分以上。

有“聪明”基因吗?

英国有位遗传学家叫普洛闵，他观察了上万名儿童的成长。他发现同卵双胞胎的智商得分比异卵双胞胎更接近，而异卵双胞胎的智商得分又比没有血缘关系的两个儿童接近。最后，他得出结论说，基因对儿童的表现有着重要的影响。

也许，你会觉得，如果把一对双胞胎放在完全不同的环境下成长，他们会变得像两个完全没有血缘关系的人吗？但是有人做了实验，证明，虽然在早期，孩子的智商会有明显差异，但是随着年龄逐渐增长，他们智商的相似度几乎等同于在相同环境下长大的双胞胎。这些实验结果都似乎表明，基因是决定智力的重要因素。

于是，科学家们就开始寻找智力基因，要是能找到这样的基因多好呀，大家都会变得越来越聪明。然而，这件事看起来似乎不那么简单。一个科研团队采集了 7000 名儿童的细胞标本，进行 DNA 检测。但是，结果却令人失望。那些大家所认为的“智力基因”对智力的影响似乎微乎其微，而且这些结果并不能得到重复——就是在别的实验中不能出现这样的结果。

也许，我们可以这样猜想，有很多个基因共同决定了我们的智力，这些基因各有分工。我们有的遗传到了这些基因，有的遗传到了另外一些基因，于是有了各种各样的“天赋”。同时，后天教育和社会环境对智力也有重要影响。

经济地位也会影响智力?

这听起来似乎有点不可思议。但是，特克海默却发现，富裕家庭的儿童中，智力差异的60%来自于基因，而贫困家庭的儿童中，基因对智力的影响几乎为零。难道，基因也“爱财”?

特克海默是这样解释这个结果的：基因总是依赖环境发挥作用。贫穷是个强大的环境因素，从宝宝还在母亲的子宫里就开始影响智力的形成，而且会一直持续下去。而基因呢，也会影响环境因素的作用，比如它会影响你营造自身发展环境的方式，是更喜欢画画还是更喜欢计算机?你通常会花更多的时间来做自己喜欢的事情，进而强化这方面的能力。

智力究竟有多重要？

说了这么多，估计你都听晕了，这智力真神奇啊，我们其实对它的了解真是少得可怜。但是，科学家还是满怀兴趣地继续研究。大家期望，了解智力可以帮助老师更好地因材施教、找到促进学习的最佳途径，甚至可以预测孩子在某方面的智力障碍，从而进行早期干预。

但是，智力真的很有用吗？也许对棋手来说，高智商不失为制胜的法宝。根据华东师范大学心理系的测试，国内最好的棋手之一常昊的智商是138，有世界围棋第一人之称的李昌镐智商是139，这都达到了优秀水平。但是，当总统似乎就不需要很高的智商，小布什就经常被嘲笑智商低，他的智商是91。老布什只比他略高，为98。这说明至少有一半中国人都比他们聪明。可见，智商并不是成功的绝对因素，情商、后天努力等也有重要作用。

我国著名的数学家张广厚说过：“搞数学无需太聪明，中等天分就可以，主要是毅力和钻劲。”有句成语也说“勤能补拙”，可见，在绝大部分领域中，决定我们成功的仍然是勤奋而非聪明。我们研究智商，为的是让成功的道路不那么艰辛。

超级杀手——癌症

在世界上很多国家，癌症都是仅次于心脑血管疾病的人类生命第二大杀手。在当代社会，越来越多的人谈癌色变，却并没有多少人了解癌症的真面目。那么就让我们一起来揭开癌症的神秘面纱，展望人类战胜癌症的前景。

什么是癌症？

癌症在医学上被称为恶性肿瘤，指的是由于肿瘤细胞（癌细胞）在人体内不受控制地快速分裂繁殖，并逐渐转移到身体各处，而导致各个器官逐渐丧失正常的功能，最终甚至造成人体死亡的重大疾病。通常所说的白血病也是癌症的一种，被称为血癌。

正常的人体细胞在分裂固定的次数后会衰老死亡，而癌细胞则会不受控制地不停分裂下去，甚至可以一次分裂成很多个细胞。

癌细胞还会从正常细胞的方形变成球形，排列疏松，表面也变得光滑，极易在人体内扩散。

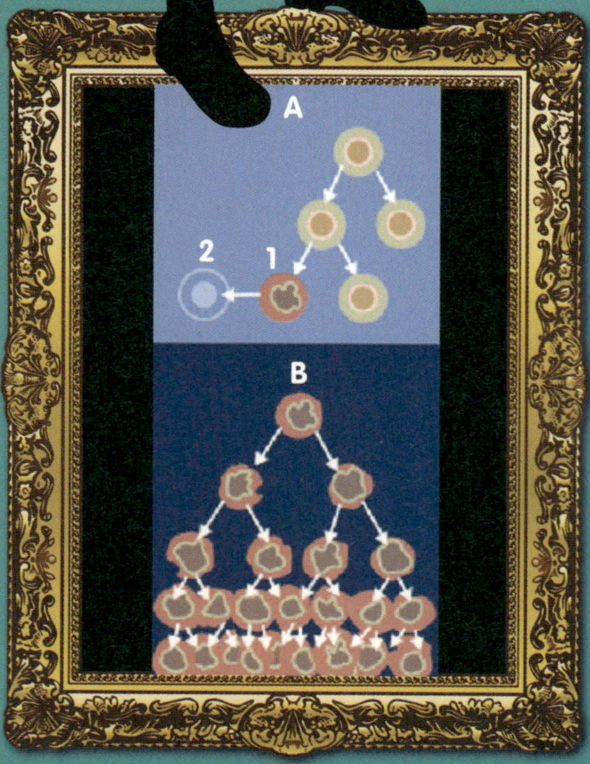

A：正常细胞的分裂过程

1 表示衰老

2 表示死亡

B：癌细胞的分裂过程

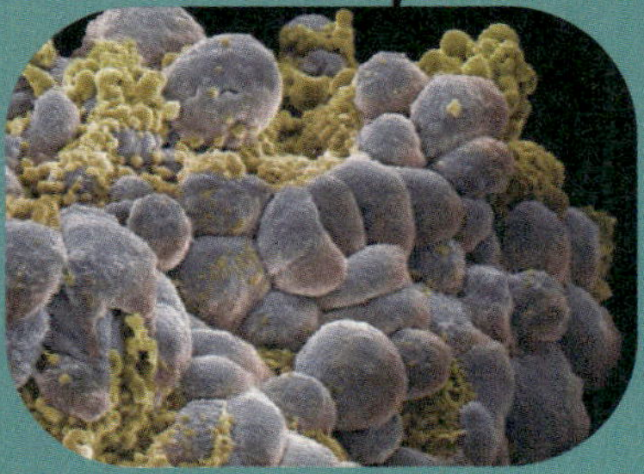

标记为蓝色的乳腺癌正在疯狂生长

癌症从本质上来说是一种基因疾病，而且我们每个人都携带有可能导致癌症的基因。也就是说，我们每个人都有得癌症的可能性，关键在于这些控制癌症的基因（科学上叫原癌基因）是否被激活。

癌细胞是怎样形成的？

癌症形成的第一步是由于原癌基因被激活，导致正常细胞转化成了人体内第一个肿瘤细胞。如果人类的免疫系统能够及时消灭这个细胞，那么病情就不会进一步发展，人体仍能保持健康。但如果这个肿瘤细胞快速分裂增长，就会在人体里形成一个肿块，当这个肿块里肿瘤细胞的分裂速度和它们被人体免疫系统消灭的速度相当，而且肿瘤细胞还不容易扩散时，这个肿块的大小就会比较固定，我们把它叫作良性肿瘤。良性肿瘤患者一般通过手术切除肿块后就可以恢复健康。

不是所有的良性肿瘤都会发展成为恶性肿瘤，就是我们说的癌症，但是当一部分的肿瘤细胞侵入周围其他组织，获取了新的血液和养分，就会迅速生长，然后随血液循环转移到全身各处，它们会在人体内新的器官内扎根生长，于是癌细胞就形成了。

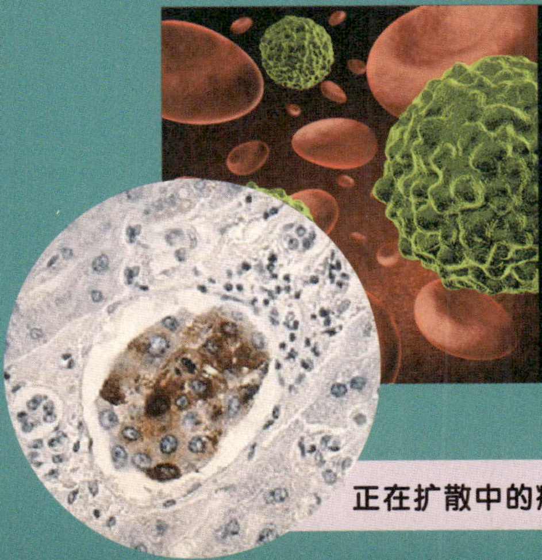

正在扩散中的癌细胞

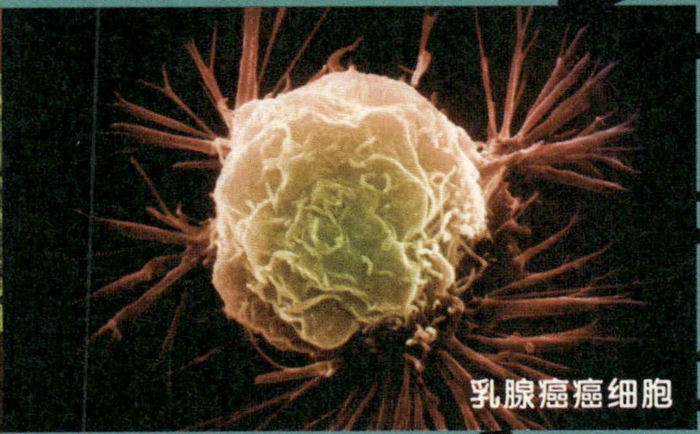

乳腺癌癌细胞

如何治疗癌症?

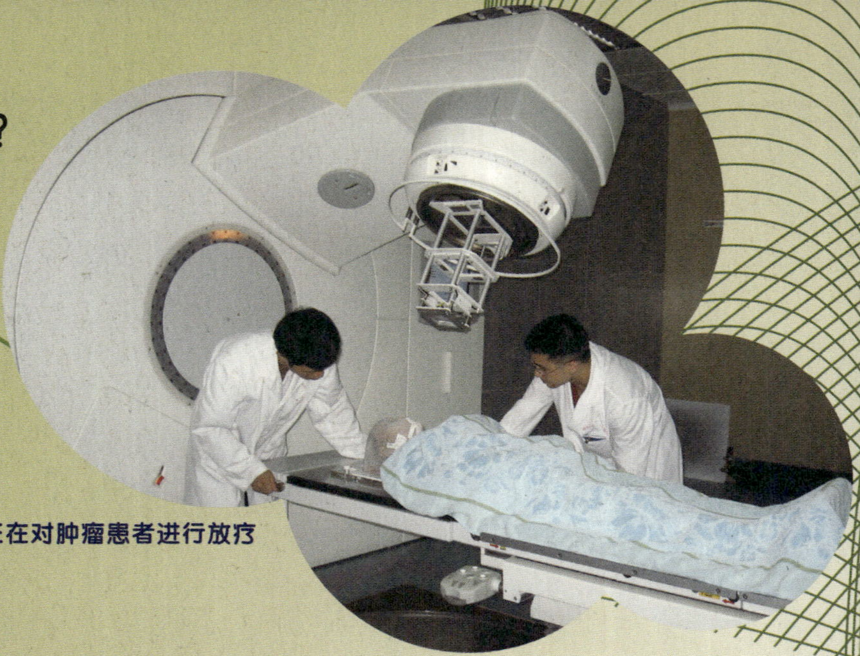
医生正在对肿瘤患者进行放疗

目前主要采用手术、化疗、放疗结合药物来治疗癌症。

手术就是直接开刀切除肿瘤，通常是针对癌细胞还没有大范围扩散的情况。肿瘤切除通常不能十分彻底，所以通常也会同时辅助进行化疗或者放疗。

所谓化疗就是通过特殊的化学药物注射到肿瘤的周围杀死癌细胞或阻止癌细胞的分裂，但是由于血液循环的缘故，很多健康细胞也会被杀死。

所谓放疗的方法就是通过高能量的射线照射肿瘤，杀死癌细胞。这种方法也会给周围的人体组织造成重大的伤害。

放疗和化疗的方法在杀死肿瘤细胞的同时都不可避免地对人体健康细胞造成损害，尤其对老年的患者伤害更大。但目前尚无更好的方法进行治疗，只能期待科学家们继续努力，早日攻克癌症预防和治疗的难关。

目前正在研究的治疗方法还有纳米机器人和定向药物“导弹”等，但都由于技术不成熟没有投入实际医疗中。

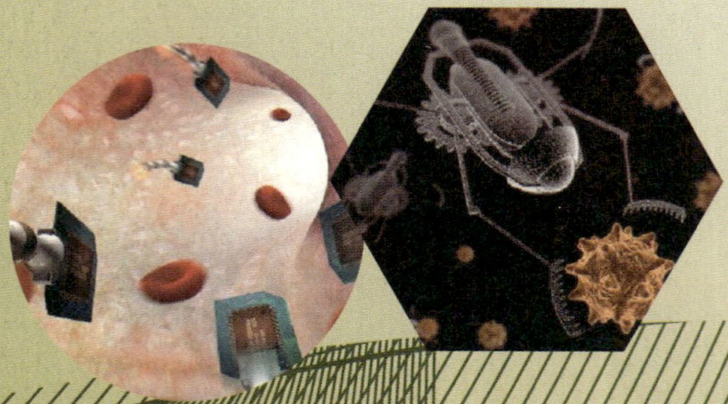
科学家试想用微小的机器人定向杀死人体内癌细胞等有害组织

健康生活，预防癌症

癌症发病最关键的一步就是原癌基因被激活。其中可能的原因很多，如病毒的侵入、化学物质的刺激、强电磁辐射等。例如，有的患者常年大量吸烟会使患癌症的可能性增加，而常年在强电磁场下工作的工人也容易患癌症。国外有研究表明，过度晒日光浴的人更容易患皮肤癌。此外，有的研究还发现睡眠不足、心情抑郁也会使人增加患癌症的概率。而随着现代社会的发展，导致原癌基因被激活的情况也越来越多。

预防癌症要养成良好的作息和饮食习惯，适量地锻炼身体，注意个人卫生，不吸烟喝酒，少吃烧烤和油炸食品，保持心情愉快，注意远离化学污染源，远离强辐射源，减少过强阳光的长时间照射等。另外也要多关注新的科学发现，远离曾经被自己忽视的致病因素。

维生素，知多少

自从1897年C.艾克曼发现未经碾磨的糙米中含有能治脚气病的物质——维生素B之后，维生素的重要作用就开始逐渐被人类所认识。可以说，维生素为提高人们的体质、促进健康立下了不可磨灭的功勋。

维生素是什么？

人类的身体就像一个非常复杂的化学工厂，它耗费原料，从中提取营养，产生人类各种生命活动不可或缺的能量。这一系列的反应如果在自然界中发生，需要漫长的时间和苛刻的反应条件。但人体内存在着一种神奇的物质——酶，它能够催化反应的进程，并将它们牢牢地控制在生命进程所需要的范畴之内。而酶要发生作用，必须有“辅酶”的参加，就像一部精良的汽车要开始运转，必须先用钥匙启动发动机一样。而我们所熟知的维生素，就是这些“辅酶”或者生成“辅酶”的组成分子。这样看来，维生素就是我们通向健康大门的钥匙。

维生素大家族

维生素拥有一个非常庞大的家族，目前人们已经了解的就已经有几十种。一部分维生素为水溶性的，如我们熟知的维生素C、B族维生素等；另一部分为脂溶性，如维生素A、维生素D、维生素E和维生素K等。之所以把它们划归维生素大家族，是因为它们都具有以下四个特点：

- 外源性。大多数维生素在人体自身中是不能合成的，必须通过食物进行补充（只有维生素D可以被少量合成）。
- 微量性。在食物中的含量很少，人体的需求量也很少，但没有了它们，健康会出大问题。
- 调节性。能够调节人体新陈代谢的过程。
- 特异性。当体内缺乏某种维生素时，将会呈现特有的症状。

要拥有健康的体魄，最重要的就是摄入全面并且均衡的营养。到今天为止，科学家发现的人体生命活动所需要的维生素共有14种。一旦饮食不均衡，维生素就有可能摄入不足。那么，这些人体必需维生素的作用是什么？它们都存在于哪些食物中？下面，就给大家简单介绍一下。

维生素 A——让你看得更清楚

西红柿

南瓜

胡萝卜

维生素 A 可以说是人类最早认识的维生素。在 3000 多年前，古埃及的人们就懂得利用动物肝脏来治疗夜盲症——虽然那时人们并不知道其中起作用的就是维生素 A。

维生素 B——保护饮酒者的肝脏

最初，维生素 B 也曾经被认为像维生素 A 那样，是一种具有单一结构的物质，但是后来的研究证明它其实是一组有着不同结构的物质，于是其中的成员就有了独立的名称，如维生素 B_1、维生素 B_2、维生素 B_3、维生素 B_5、维生素 B_6、维生素 B_9、维生素 B_{12} 等。因此，维生素 B 有的时候也被称为 B 族维生素或维生素 B 复合群。

维生素 B 是人体必不可少的营养素，是食物释放能量的关键。它和肝脏有较密切的关系，能够推动体内代谢，把糖类、脂肪、蛋白质等营养物质转化成热量。经常饮酒的人应该补充大量的维生素 B，从而保证肝脏的正常工作。

此外，这个家族的每个成员还有不尽相同的功能，比如维生素 B_1 可构成辅酶，维持体内正常代谢。我们平时常听到的脚气病就是由于缺乏维生素 B_1 造成的。而维生素 B_6 则具有提高免疫力的作用，给老年人补充充足的维生素 B_6，有利于淋巴细胞的增殖。还有维生素 B_{12}，它具有防止贫血、制造红细胞的作用，还可以使神经免遭破坏。

维生素 B 最为丰富的来源是葵花子、花生、大豆；其次是小麦、小米、玉米等谷类食品。不过维生素 B_{12} 比较特别，它主要存在于动物性食品中，比如肉类、动物肝脏、鱼类和蛋类等。

鱼

牛肉

维生素 D——帮助钙的吸收

维生素 D 又称“抗佝偻病维生素”。目前人们已知的维生素 D 至少有 10 种，但家族成员中最重要的还是维生素 D_2（麦角骨化醇）和维生素 D_3（胆钙化醇）。前者是由紫外线照射植物中的麦角固醇而产生的；而后者则由人和动物表皮下的 7- 脱氢胆固醇原经紫外线照射产生。因此，维生素 D 与阳光有着密切的关系。

维生素 D 最主要的生理功能就是通过提高人体血浆中钙和磷的含量，来适应骨骼的矿化并促进其生长。同时，它还能帮助肠道和肾脏吸收钙和磷元素。我们经常说多晒太阳可以补钙，就是维生素 D 在起作用了。

富含维生素D的食物（国际单位/100克）

食物	含量	食物	含量
鱼肝油	8500	奶油（脂肪含量31.3%）	50
大马哈鱼和红鳟鱼罐头	500	鸡蛋（煎、煮、荷包）	49
金枪鱼罐头（油浸）	232	牛奶（脂肪含量1%～3.7%）	41
奶油（脂肪含量37.6%）	100	烤羊肝	23
脱脂牛奶（罐装）	88	煎牛肝	19
炖鸡肝	67	鲜碎肝午餐肉	15
人造黄油煎猪肝	51	煎小牛肝	14

维生素 E——抗衰老的天然法宝

维生素 E 又名生育酚，因为它能够促进动物的性激素分泌，提高生育能力。同时，维生素 E 还是最主要的抗氧化剂之一。在生活中，中老年人常常服用维生素 E 延缓衰老，女孩子们则喜欢选择添加了维生素 E 的化妆品来美容嫩肤。此外，维生素 E 还具有抗动脉粥样硬化和提高免疫功能等作用，真可谓是我们人类的“守护神”。

维生素 E 只能在植物中合成。所有的高等植物的叶子和其他绿色部分均含有维生素 E，尤其是小麦胚芽、向日葵子油、玉米、大豆和绿叶蔬菜中。而肉类、鱼类等动物性食品，以及水果和其他蔬菜中维生素 E 的含量则很少。

维生素 C——人体中不能合成的维生素

15-16 世纪，坏血病曾波及整个欧洲，医生们甚至怀疑是否所有的疾病都源于坏血病。后来，英国军医林德偶然发现柑橘和柠檬能治疗坏血病。其实这是因为这些水果中都富含维生素 C，因此维生素 C 又被称为抗坏血酸。维生素 C 是一种较强的还原剂，能够促进体内胶原物质和神经递质的合成。同时，它还能够促进铁元素的吸收，是治疗贫血的重要辅助药物。

维生素 C 的用处真是非常大，可惜我们人类和其他的很多动物都不能在体内合成维生素 C。因此，我们要多吃富含维生素 C 的食物。比如新鲜的蔬菜：辣椒、茼蒿、苦瓜、白菜、豆角、土豆等；还有美味的水果：酸枣、红枣、草莓、柑橘和柠檬等。

维生素 K——抗出血的维生素

以上的几种维生素都是我们非常熟悉的，而维生素 K 可能就比较陌生了，但是它的作用却是非常重要的。维生素 K 是机体合成凝血酶和其他凝血因子必不可少的工具，所以也被称为“抗出血维生素”。人体内维生素 K 缺乏，会导致致命性的大出血。此外，依赖维生素 K 的特定蛋白质还在骨骼、肾脏和其他组织中具有其他功能。

人体内维生素 K 的储存很少，储存期也比较短，因此我们要经常从动物性和植物性食物中获取维生素 K。要多吃菠菜等绿叶蔬菜，还有大豆及豆制品。

讲了这么多，你可能会发现，每种维生素都有它们各自的功能，真是一个也不能少啊！的确是这样。所以，我们应该从小养成不偏食的好习惯，把所有维生素都“吃”进身体里。这样我们才能健康、茁壮地成长。

基因与健康

基因究竟能告诉我们什么？也许什么都能告诉。我们相信，在不久的将来，基因将为我们打开生老病死的大门，展现其中的无穷奥妙。

基因——身体的总指挥

我们的身体仿佛是一串庞大的密码，而基因就是揭开这串密码的钥匙。基因告诉身体怎样把氨基酸连接成蛋白质，又告诉身体怎样把蛋白质折叠成正确的形状，接着，这些蛋白质通过各种途径抵达目的地，各司其职。于是，生命开始运转……

大概你会发现，基因简直就是身体的总指挥，掌控着身体的最终秘密。那么，我们的生老病死是不是就隐含在这位总指挥手中呢？也许是的。

基因能告诉我们什么？

或许，我们可以认为所有的疾病都源自基因。单个基因的突变，会带来白化病、早衰症等；多个基因的改变，可能会患上糖尿病、冠心病、哮喘病等；还有可能由于外来病毒的入侵，破坏了原有的基因结构，使人深陷病痛的折磨，这就是获得性基因病。

但是，在不同的人群中，疾病的发生率又有明显差别。近年来，科学家比对了大量的基因序列，发现基因变异与疾病发生率之间有着紧密的联系。这在一定程度上解释了，为什么在相同的生活环境下，某些人会得癌症，而还有一些人更容易患上心脏病。

即便是同一种疾病，不同的患者对同一种药物的反应也可能大相径庭。曾经有报道称，某些癌症患者体内有某种基因，可以指挥细胞“吐出”外来的药物分子，导致他们对很多疗法都毫无反应。更常见的，比如说青霉素，某些人高度敏感，某些人只是出现皮疹反应，还有一些人则能获得很好的疗效。这些区别，也许最终都来源于基因的差别。

个性化医疗

说了这么多基因的功能，你也许会想，要是能知道自己的基因信息该多好呀，可以更有针对性地预防某些疾病，也可以找到更有针对性的疗法。这就是“个性化医疗”的目的了。

事实上，在国外，曾经出现过“个性化医疗”的案例：德国洪堡大学的临床药理毒理学研究所内，一位病人在服用了两个疗程的某种对症药后病情仍未见好转，临床医生开出了对患者进行基因分析的化验单，结果发现这个病人的某一细胞色素 P-450 基因型属强代谢型，致使吃下去的药很快被代谢掉。医生根据这一基因测试结果，换了一种绕开这一代谢途径的药物。不出几日，患者的病况大为好转。

随着基因芯片技术的迅速发展，我们在不久的将来，也许只需要花费几千元，就能享受到基因扫描服务。利用基因序列，我们可以刨根究底，找出遗传缺陷和潜在的健康威胁。由此相伴而生的药物基因组学，将针对不同人群的基因变异，开发出新药或新的用药方法，将来，哪怕是感冒药，恐怕都不是“大一统”了，而是专门针对“我”的或者“你”的。还有，如营养遗传学，将根据个人的遗传特征，制定合适的食谱。

想象一下，将来的医生，只需要检索一下患者的基因数据库，就可以作出判断，给出具有针对性的用药方案，这该少走多少弯路啊！

但是，也有专家指出了个性化医疗在现阶段的问题，比如说，实验数据不充分，有些数据尚存在矛盾，不能获取有用的信息。此外，基因的缺陷在很多时候不是疾病发生的直接因素。人体是一个复杂的生物系统，多种因素相互作用。就像糖尿病、心脏病等，就是多种因素和未知基因共同作用的结果。在尚未研究透彻的情况下，个性化医疗也许为时尚早。至少，在很多时候，我们并不明确到底是哪些基因在发挥作用，哪些是真正的致病基因。

就目前来说，一些专家认为，基因检测的“实用性”远低于“娱乐性”，这就导致在我们获得足够多的有用信息之前，很多普通消费者或许已经对基因检测服务失去兴趣。

还有一些专家担忧基因作为一种个人隐私，应如何恰当地应用，怎样防止基因受到歧视，如何确定基因检测的质量和有效性，个人基因数据库在怎样的条件下面对谁开放？在这些问题得到恰当的解决之前，个性化医疗将面临很多不仅仅是技术上的问题。

我们为什么会长胖？

爱美是人的天性，每个人都希望拥有苗条、匀称的身材，于是人们都希望肥胖离自己远一点，再远一点。那么我们为什么会长胖呢？快去下面的文字中找找答案吧。

脂肪组织：不想多却不能少

脂肪组织主要由大量群集的脂肪细胞构成。它能够以旁分泌、自分泌和远距分泌的方式产生脂肪因子，从而影响人体的胰岛素敏感性和血压水平。

一般人都认为，脂肪组织的产生和增加是肥胖的罪魁祸首，那么脂肪组织是怎样产生的呢？医学上通常用焦耳或千焦，1 千焦 =1000 焦耳作为热量的单位。研究表明，人一天最低需要摄入 4184 千焦热量，而人正常消耗的热量一般为每天 8368~10042 千焦。那么，当人通过食物等所摄入的热量大于 10042 千焦时，多余热量就会转化成脂肪储存起来。脂肪储存得多了，人就会长胖。如果一个人摄入的热量超出正常需求 14644 千焦，多余的热量就会使他的体重增加大约 0.45 千克。

脂肪太多不仅影响我们的身材，还会导致很多疾病的产生。但是脂肪组织对人类生存的巨大作用也是不能否认的。人体内的脂肪组织主要负责储存和释放能量，它能让一个人在饥饿状态下存活好几天。因此，当食物供应不上时，脂肪储存得越多的人生存的机会也就越大。

基因决定胖瘦?

饮食、运动等后天因素对人体的体重有很大影响。但是在生活中，我们还可以观察到一个奇怪的现象：有些人“喝水都会长胖”，而另一些人食量不小，却没有丝毫长胖的迹象。这又是为什么呢？这就是由基因决定的：科学家对近 4 万人的基因组进行扫描时，一个叫作 FTO 的基因引起了他们的注意。研究发现，携带某种 FTO 基因突变体的人，体重比其他人平均重 3 千克，肥胖率也要高出一倍。但是 FTO 基因有什么功能，它如何使人们发胖，目前还没有找到答案。

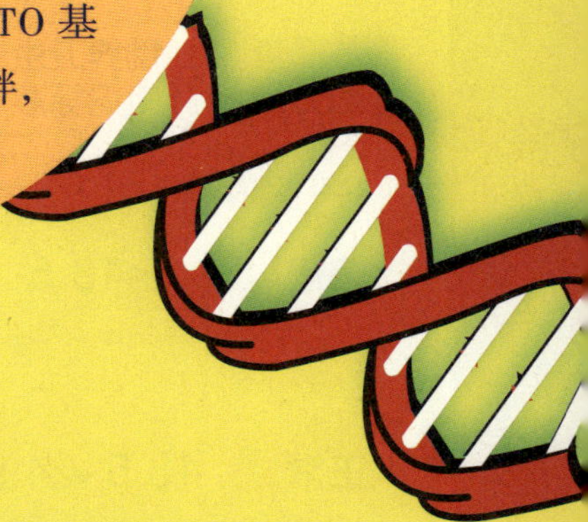

可乐的诱“祸”

以可乐为代表的碳酸饮料自面世起，就因其独特的口味迅速风靡全球，特别是受到了青少年们的喜爱。然而可乐的畅销却引起了医学家和营养学家的担忧：各类碳酸饮料中均含有较高的糖分，长期引用容易导致发胖。据研究人员估计，由于在饮料中加入了甜味剂，一罐 355 毫升的可乐，大约含有 35 克糖，相当于 586 焦耳热量。如果每天喝一罐可乐，这些多余的热量日积月累，一年后可使人的体重增加 6.4 千克！此外，可乐中所含的防腐剂、咖啡因等成分也会对人体的健康产生危害。所以，我们应尽可能少喝碳酸饮料，远离可乐的诱“祸”。

胖不胖？算一算就知道

我们可以通过计算身体质量指数（BMI，Body Mass Index）来判断一个人的体重是否标准。BMI 指数是一个与体内脂肪总量密切相关的指标，具体计算公式为：

身体质量指数（BMI）= 体重 ÷ 身高的平方（kg/m^2）

这样，一个身高 1.70 m，体重 60 kg 的人，他的 BMI 就等于（$60 \div 1.70^2 = 20.8$）。他的体重标准吗？我们可以从下面的表格中找到答案。

身体质量指数分类	世界卫生组织标准	亚洲标准	中国参考标准	相关疾病发病的危险性
偏瘦	<18.5	<18.5	<18.5	低（但其他疾病危险性增加）
正常	18.5~24.9	18.5~22.9	18.5~23.9	平均水平
超重	≥25	≥23	≥24	
偏胖	25.0~29.9	23~24.9	24~26.9	增加
肥胖	30.0~34.9	25~29.9	27~29.9	中度增加
重度肥胖	35.0~39.9	≥30	≥30	严重增加
极重度肥胖	≥40			非常严重增加

值得注意的是，并不是每个人都适用BMI指数的，如果你属于有以下的情况，那么BMI的指数对你来说不适用：

1. 未满18岁。
2. 是运动员。
3. 正在做重量训练。
4. 怀孕或哺乳中。
5. 身体虚弱或久坐不动的老人。

越来越胖的世界

你的身体质量指数也许在正常范围内，但不要过于乐观，席卷全球的“肥灾”正在逐步蔓延。环顾全球，体重超标人数已经突破13亿。在许多发展中国家，偏胖或肥胖的人所占比例之高，已经与美国、加拿大和欧洲国家不相上下。在拉丁美洲、北非和中东的大片地区，肥胖问题已经导致糖尿病、心脏病和其他相关疾病发病率的飙升。在中国、印度和其他一些国家，肥胖也在快速蔓延。我们的世界已经变得越来越胖了！

术语表

《物种起源》： 英国生物学家达尔文的著作，在这部著作中，达尔文大胆假设所有地球上现存的生物都来自一个共同祖先，它们之间都有着亲缘关系，并提出了“物竞天择，适者生存”的自然选择学说。

寒武纪： 距今 5.4 亿年到距今 4.88 亿年之间大约跨 5200 万年的一段时间。如果把地球 46 亿年的历史比作一天，那么寒武纪大约开始在 21 点 11 分，在那之后的仅仅 3 分钟里面就出现了属于所有“门”的生物，这就是“寒武纪生物大爆发”。

蛋白质： 蛋白质是构成我们身体大厦的砖头，它是由形形色色的氨基酸构成的。构成我们人体的基本氨基酸有 20 种，比构成 DNA 的碱基多得多了，这就是为什么蛋白质比 DNA 复杂很多的原因之一。

DNA： 脱氧核糖核的简称，它是染色体的主要化学成分。从结构上讲，DNA 是一种长链聚合物，碱基沿着 DNA 长链所排列而成的序列，可组成遗传密码，是蛋白质氨基酸序列合成的依据。

龙血树： 龙血树是常绿的大树，树身一般高 20 米，基部周围长却有 10 米，七八个人伸开双臂，才能合围它。此树流出的树脂为暗红色，可用做防腐剂，原产地的居民称为“龙之血”，龙血树因此得名。

铁桦树： 铁桦树木质坚硬，比橡树硬三倍，比普通的钢还要硬一倍，是世界上最硬的木材，人们把它用作金属的代用品。前苏联曾经用铁桦树制造滚球、轴承，用在快艇上。这种珍贵的树木，高约 20 米，树干直径约 70 厘米，寿命约有 300-350 年。

病毒： 病毒是目前人类发现的最小的生命体之一。它的体积特别微小，长度大概只是普通细菌的百分之一，或者普通人体细胞的百万分之一。病毒的结构惊人的简单，只有一个遗传物质内核和外面一层蛋白质外衣。病毒不能在自然界单独生存，必须寄生到其他大的生物体体内，利用其他生物的营养来生存和繁殖。

中心法则： DNA 转录成 RNA，再由 RNA 翻译成蛋白质，蛋白质构成了我们身体的基石。

RNA： 核糖核酸的简称，它普遍存在于动物、植物、微生物及某些病毒和噬菌体内，和蛋白质的合成有密切的关系。在细胞中，根据结构功能的不同，RNA 主要分三类，即 tRNA（转运 RNA），rRNA（核糖体 RNA）和 mRNA（信使 RNA）。

味蕾： 味蕾是生长在舌乳头上的一种微小的味觉器官，它只有 0.05~0.08 毫米。味蕾细胞的顶端有“味觉受体”，它们能与对应着不同味道的物质结合，将信号传递给大脑，于是我们就有了味觉。

激光辅助原位角膜磨镶术(LASIK): 这种手术可用于治疗近视,它的基本操作方法是在角膜表面切开一小块角膜瓣,然后用准分子激光对中间角膜基质进行切削,以修正角膜的曲率,最后将角膜瓣复位。

神经元: 我们的大脑最基本的功能单位是神经细胞,又称为“神经元”;神经元靠彼此之间交换信号和处理信号,完成我们每个人的思考功能。

转基因食品: 就是通过基因工程手段,移动某种生物的某段基因并加以改变来生产出具备新特征的食品种类。

仿生学: 我们身边的生物经过亿万年的进化,每种身上都蕴藏着神奇的科学原理;聪明的科学家们认识到这些科学原理,把它们应用到我们的日常生活中,从而更好的为人类服务,这就是仿生学。

癌症: 也称恶性肿瘤,指的是由于肿瘤细胞(癌细胞)在人体内不受控制的快速分裂繁殖,并逐渐转移到身体各处,而导致各个器官逐渐丧失正常的功能,最终甚至造成人体死亡的重大疾病。

观察力: 是指大脑对事物的观察能力,如通过观察发现新奇的事物等,在观察过程对声音、气味、温度等有一个新的认识。

注意力: 是指人的心理活动指向和集中于某种事物的能力。

记忆力: 是识记、保持、再认识和重现客观事物所反映的内容和经验的能力。

思维力: 是人脑对客观事物间接的、概括的反映能力。

想象力: 是人在已有形象的基础上,在头脑中创造出新形象的能力。

图书在版编目（ＣＩＰ）数据

生生不息的弦歌 / 段伟文主编. —北京 ： 科学普及出版社，2015
（少年科学魔幻世界）
ISBN 978-7-110-08670-4

Ⅰ. ①生… Ⅱ. ①段… Ⅲ. ①生物学—青少年读物
Ⅳ. ①Q-49

中国版本图书馆CIP数据核字(2014)第134352号

主　　编　段伟文
作　　者　段伟文　李　红　刘　畅
　　　　　齐小苗　朱明坤　段粲超
　　　　　段子英　朱承刚　汤治芳
　　　　　刘新成　段天涛
绘画设计　高　亮　孔　前　杨　虹

出 版 人　苏　青
策划编辑　肖　叶
责任编辑　邓　文
封面设计　书袋熊
责任校对　林　华
责任印制　马宇晨
法律顾问　宋润君

科学普及出版社出版
北京市海淀区中关村南大街16号　邮政编码:100081
电话:010-62173865　传真:010-62179148
http://www.cspbooks.com.cn
科学普及出版社发行部发行
北京盛通印刷股份有限公司印刷
*
开本:720毫米×1000毫米 1/16　印张:6　字数:120千字
2015年1月第1版　2015年1月第1次印刷
ISBN 978-7-110-08670-4/Q・174
印数:1－10000册　定价:17.80元
